editorial

LIEBE LESERINNEN UND LESER,

„Ist das noch normal?“ – Diese Frage stellen sich nicht nur unbedarfte Neuhundebesitzer*innen manchmal, wenn sie das Verhalten ihres Hundes beobachten. Besonders wenn es um störendes, unerwünschtes oder gar aggressives Verhalten geht, fällt die Antwort nicht immer leicht. Damit verbunden ist meist der Wunsch nach Veränderung – doch wie kann das gelingen? Wir widmen in dieser Ausgabe dem Umgang mit „verhaltensoriginellen“ Hunden eine ganze Reihe von Artikeln, die von der Abgrenzung zwischen Normalverhalten, Problemverhalten und Verhaltensstörung bis hin zur Auswahl von Trainingsmethoden und dem passenden Management wichtige Aspekte beleuchten. Dabei geht es auch um Resilienz und um Anpassungsfähigkeit – auf beiden Seiten der Leine. „Verhaltensoriginelle Hunde als Liebestest“, hat Anke Rochelt ihren Text betitelt und „Ich mach mir die Welt, wie sie mir gefällt“, schreibt Nicole Röder.

Bei allen Schwierigkeiten soll aber der Blick auf die schönen Momente mit dem Hund nicht vergessen werden. Beim Hoopers-Agility beispielsweise können Hund und Mensch viel Spaß zusammen haben. Und auch beim Wippentraining lassen sich Erfolgsgefühle kreieren. Marleen Utech und Steffi Rumpf beschreiben in ihren Artikeln, wie das geht. Ende Januar tritt in Deutschland übrigens das neue Tierarzneimittelgesetz in Kraft. Was das für Tierheilpraktiker*innen, aber auch ganz konkret für Hundehalter*innen bedeutet, können Sie im Artikel von Christiane Rose nachlesen.

Ich wünsche Ihnen wie immer viel Spaß beim Lesen!

Madeleine Franck

INHALT

Damit Training eine Chance auf Erfolg hat, muss auch das Management stimmen. Sonja Meiburg erklärt, wie und warum.

Resilienz bei Hunden – was ist das überhaupt? Und lässt sich diese Fähigkeit trainieren? Daniela Fiedler gibt Antworten.

VERHALTENSORIGINELL?!

SPF PERSÖNLICH

Das Training mit anderen Spezies bietet Hundetrainer*innen die Chance, ihre eigenen Trainingsfähigkeiten zu verbessern.

Im Pferdetraining sind Wippen längst etabliert. Steffi Rumpf erklärt, wie auch Hunde davon profitieren können.

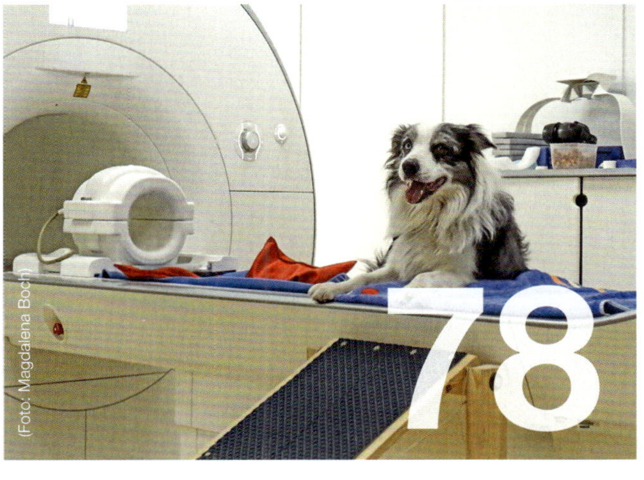

Am Messerli-Forschungsinstitut in Wien wird das Gehirn von Hunden mittels fMRT untersucht.

AUSBILDUNG & TRAINING

HUND UND GESUNDHEIT

BÜCHERMARKT

„IST DAS NOCH

(Foto: shutterstock.com/Masarik)

NORMAL?“

Insbesondere dann, wenn Hunde ungewöhnliche oder extreme Verhaltensweisen zeigen, beschäftigen viele Hundehalter*innen folgende Fragen: Ist das noch normal? Hat mein Hund eine Verhaltensstörung? Ist so ein Verhalten krankhaft? Dr. Lara Steinhoff gibt in diesem Artikel Antworten.

NORMALVERHALTEN & VERHALTENSSTÖRUNGEN BEIM HUND

VON DR. LARA STEINHOFF

Die Beispiele hündischen Verhaltens, die die oben genannten Fragen aufwerfen, sind äußerst vielfältig. Wie verhält es sich mit einem Hund, der jeden Besuch anhaltend anspringt? Was ist mit einem Welpen, der wild durch das Haus rennt und anschließend laut knurrend in die Füße der Menschen beißt? Ist es normal, dass ein Hund bei der Sicht von Artgenossen in die Leine springt und diese laut anbellt? Oder dass ein Hund sich an Silvester ängstlich unter dem Sofa versteckt? Und ist es krankhaft, wenn ein Hund seine eigene Rute jagt? Außenstehende äußern sich oft kritisch bis vorwurfsvoll. Die Verunsicherung bei den Halter*innen ist daher oft groß.

Verhaltensstörung: ja oder nein?

Die meisten Menschen treffen diese Entscheidung auf Grundlage ihrer eigenen Erfahrungen mit anderen Hunden, die sie kennengelernt haben. Daraus ergibt sich von Person zu Person ein gänzlich unterschiedlicher Erfahrungsschatz. Befragen Hundehalter*innen ihren Bekanntenkreis zum Verhalten deren Hundes, fallen die Einstufungen entsprechend unterschiedlich aus. Als Konsequenz daraus ergeben sich ebenso unterschiedliche Ratschläge zum weiteren Umgang mit dem Verhalten. Diese können hilfreich, aber auch gänzlich hinderlich sein oder dem Hund gar schaden. Deutlich wird: Es braucht konkrete Definitionen, um das Verhalten des Hundes fachgerecht einordnen und mithilfe passender Expert*innen einen entsprechend professionellen Trainings- oder Therapieplan erstellen zu können.

Unerwünschtes Verhalten

Per definitionem handelt es sich bei unerwünschtem Verhalten um Verhaltensweisen, die dem Normalverhalten des Hundes zuzuordnen sind. Der Hund zeigt diese Verhaltensweisen in einer angemessenen Intensität, also in normaler Ausprägung. Klingelt es beispielsweise an der Haustür, läuft der Hund zur Tür und bellt für wenige Minuten – allerdings nicht über Stunden. Das Verhalten wird zudem durch angemesse-

ne Auslöser hervorgerufen. Der Vierbeiner zeigt zum Beispiel Jagdverhalten in Form von Fixieren und Hetzen an Kaninchen, nicht jedoch an Straßenbahnen. Zudem treten die Verhaltensweisen angemessen für die jeweilige Situation auf, also am passenden Ort und zum passenden Zeitpunkt.

Aus Sicht der Halter*innen können diese Verhaltensweisen allerdings je nach Lebenssituation als störend betrachtet werden. Die Einordnung, ob ein bestimmtes Verhalten als unerwünscht angesehen wird oder nicht, kann dabei von Mensch zu Mensch und von Situation zu Situation sehr unterschiedlich ausfallen. Während es einige Halter*innen freut, dass ihr Hund sie bei der Begrüßung überschwänglich anspringt, sehen andere genau darin eine Belastung. Auch innerhalb einer Familie kann es hier zu unterschiedlichen Bewertungen kommen.

Aufseiten des Hundes geht mit (aus menschlicher Sicht) unerwünschtem Verhalten jedoch weder Unwohlsein noch Leid körperlicher oder psychischer Art einher. Dies stellt ein sehr wichtiges Unterscheidungsmerkmal zum Problemverhalten dar.

Zu typischen Verhaltensweisen der Kategorie „Unerwünschtes Verhalten“ zählen zum Beispiel das Jagdverhalten, das Wälzen in Aas, das Zerkauen von (Einrichtungs-)Gegenständen beim Welpen, das Buddeln, das „Betteln“ am Tisch, das Bellen am Gartenzaun oder aber das Anspringen von Menschen.

Um das Verhalten korrekt einzuordnen, ist allerdings ein genaues Hinsehen und Erfragen der Hintergründe notwendig. Besteht der Verdacht, dass das Verhalten des Hundes unter anderem mit deutlichem Stress und somit mit Unwohlsein oder Leid körperlicher oder psychischer Art verbunden sein könnte, handelt es sich nicht mehr nur um unerwünschtes Verhalten. Es ist dann bereits der Kategorie „Problemverhalten“ zuzuordnen. So kann es sich bei dem eingangs beschriebenen Verhalten des Welpen, der wild durch das Haus rennt und anschließend laut knurrend in die Füße der Menschen beißt, um unproblematisches Normalverhalten handeln, das viele Halter*innen als die „wilden fünf Minuten“ oder unter dem Begriff „Zoomies“ kennen. Wird dieses Verhalten jedoch häufig gezeigt, entsteht es aus einer Überforderung des Hundes und gelingt es dem Hund nicht, nach einer angemessenen Zeit wieder Ruhe zu finden, ist es hingegen möglich, dass es bereits der Kategorie „Problemverhalten“ angehört.

Problemverhalten

Bei Problemverhalten handelt es sich definitionsgemäß um Verhaltensweisen, die ebenso wie unerwünschtes Verhalten dem Normalverhalten des Hundes angehören. Allerdings zeigt der Hund das Verhalten in einer unangemessenen Intensität, also in extremer Ausprägung, bei unangemessenen Auslösern oder nicht angemessen an die jeweilige Situation, also nicht am passenden Ort oder zum passenden Zeitpunkt. Bei einem lauten Knall erschrickt der Hund beispielsweise nicht nur kurz, sondern versteckt sich für eine halbe Stunde zitternd unter dem Sofa, er zeigt Drohverhalten bereits, wenn ein anderer Hund 100 Meter entfernt am Horizont auftaucht, oder aber er springt bereits bei der kleinsten Bewegung seiner Menschen auf und folgt ihnen ununterbrochen durch das Haus, ohne Ruhe finden zu können. Dies wiederum ist aufseiten des Vierbeiners mit Unwohlsein oder Leid körperlicher oder psychischer Art verbunden.

In den meisten Fällen ist das Problemverhalten auch für die Halter*innen belastend, es kann jedoch auch als gänzlich unkritisch wahrgenommen werden. Zu typischen Verhaltensweisen der Kategorie „Problemverhalten“ können zum Beispiel die Furcht vor Geräuschen, Menschen oder Hunden, Trennungsstress, Unsauberkeit, bestimmte Formen von Aggressionsverhalten oder eine übermäßige Aktivität zählen.

Auch hier müssen das Verhalten und dessen Hintergründe genau beleuchtet werden, da die Grenzen sowohl zum unerwünschten Verhalten als auch zu einer Verhaltensstörung fließend sind.

Verhaltensstörungen

Verhaltensstörungen werden definiert als Verhaltensweisen, die im Gegensatz zu unerwünschtem Verhalten und Problemverhalten nicht dem Normalverhalten des Hundes angehören. Das Verhalten wird weder in angemessener Intensität noch angemessen bezüglich bestimmter Auslöser oder Situationen gezeigt. Verhaltensstörungen sind pathologisch, also krankhaft. Durch die Verhaltensweise schädigt der Hund entweder sich selbst, seinen Sozialverband oder seine Art. Sie können beim Hund erhebliches Leid hervorrufen, die Ausübung normaler Bedürfnisse kann stark eingeschränkt sein, Gesundheit und Leben können gefährdet sein. So ist es in schwerwiegenden Fällen möglich, dass ein Hund in einer derartigen Häufigkeit und Intensität seine eigene Rute jagt, dass weder ausreichend Schlaf noch eine ausreichende Futter- und Wasseraufnahme oder ausreichender Sozialkontakt gewährleistet sind.

Zeigt ein Hund eine Verhaltensstörung, ist die Grenze seiner Anpassungsfähigkeit an die jeweiligen Lebensumstände überschritten worden. Der Vierbeiner ist nicht mehr in der Lage, durch ein entsprechendes Verhalten wieder ein emotionales Gleichgewicht zu erlangen. Verhaltensstörungen beim Hund sind vielfach auch für die Halter*innen sehr belastend. Es kann jedoch auch hier zu Fehleinschätzungen kommen. Immer wieder kursieren Videos in den sozialen Medien, in denen Hunde mit teilweise schwerwiegenden Verhaltensstörungen als lustig oder unterhaltsam dargestellt werden. Zu typischen Verhaltensweisen der Kategorie „Verhaltensstörungen“ gehören zum Beispiel das Deprivationssyndrom sowie abnorm-repetitive Verhaltensweisen. Zu diesen abnorm-repetitiven Verhaltensweisen zählen unter anderem das Jagen der eigenen Rute, exzessive Körperpflege bis hin zur Selbstverletzung, das Flankensaugen und das Licht-Schatten-Jagen. Ebenso ist Pica, also das Fressen unverdaulicher Gegenstände, dieser Kategorie zuzuordnen.

Herausforderungen bei der Einordnung

Eine Herausforderung bei der Zuordnung von Verhaltensweisen in die genannten drei Kategorien besteht darin, dass das eine „Normalverhalten“ des Hundes so nicht existiert. Durch die große Bandbreite an Rassen gibt es eine fast ebenso große Variationsbreite hinsichtlich verschiedener Verhaltensweisen.

Verhaltensweisen, die für eine Rasse als normal gelten, sind bei einer anderen Rasse äußerst unüblich. So gilt das Zeigen von Hüteverhalten bei einem Border Collie als normal, während es bei einem Bolonka Zwetna ungewöhnlich wäre. Auch hinsichtlich der Intensität eines Verhaltens kann es rasseabhängige Unterschiede geben. Es ist nicht ungewöhnlich, dass ein Jack Russell Terrier schneller und mit einer höheren Erre-

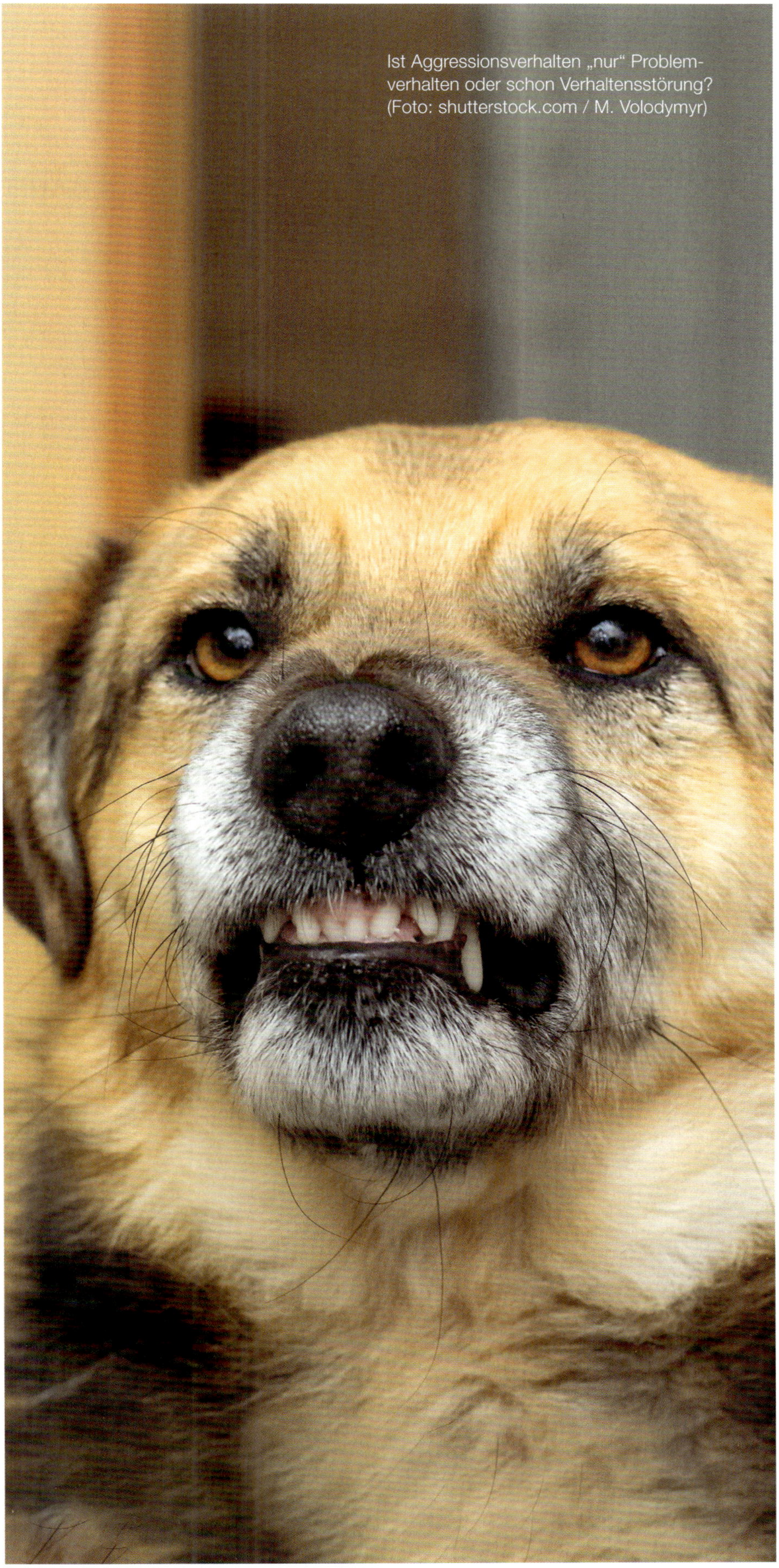

Ist Aggressionsverhalten „nur“ Problemverhalten oder schon Verhaltensstörung? (Foto: shutterstock.com / M. Volodymyr)

Zur Einordnung eines problematischen Verhaltens muss genau geschaut werden, ob es nur beim Besitzer unerwünscht, oder aber für den Hund mit starkem Stress und Unwohlsein verbunden ist. (Foto: shutterstock.com/Vovantarakan)

gungslage auf einen bestimmten Auslöser reagiert als ein Bernhardiner. Allerdings wurde bisher nur für einen Bruchteil der Rassen ein Ethogramm erstellt, also eine Übersicht aller Verhaltensweisen, die unter natürlichen Bedingungen vorkommen, sodass eine wissenschaftliche Grundlage für die Einordnung in Normalverhalten oder Nichtnormalverhalten überwiegend noch fehlt. Als weitere Frage stellt sich, welche Bedingungen als „natürliche Bedingungen“ angesehen werden können, da Hunde von jeher unter den unterschiedlichsten Bedingungen mit uns Menschen zusammenleben.

Ebenso wie die Rasse hat auch das Alter des Hundes einen Einfluss auf sein Verhalten. Bestimmte Verhaltensweisen sind an ein bestimmtes Alter des Hundes gebunden. So ist es normal, dass ein Welpe seine Umwelt mit dem Maul erkundet und nahezu jeden Gegenstand vor seiner Nase aufnimmt, gegebenenfalls zerkaut und wieder ausspuckt. Ein erwachsener Hund zeigt dieses Verhalten jedoch typischerweise nicht.

Wiederum andere Verhaltensweisen sind mit dem Geschlecht des Hundes oder dem Zyklusstand der Hündin verbunden. Es ist nicht ungewöhnlich, dass eine Hündin während der Scheinträchtigkeit und -laktation ein Nest baut und verfügbare Stofftiere sowie Schuhe dort hineinträgt und bewacht. Für einen Rüden oder eine Hündin außerhalb dieses Zyklusstandes ist dies jedoch kein normales Verhalten.

Bei der Frage, ob es sich bei dem gezeigten Verhalten um Normalverhalten handelt oder nicht, muss neben dem allgemeinen Wissen über das Verhalten von Hunden muss also auch immer die Rasse des Hundes, sein Alter und sein Geschlecht miteinbezogen werden. Die Frage, die sich bei der Einordnung

stellt, ist: Verhält sich der Großteil der entsprechenden Hunde ebenso oder nicht?
Auch innerhalb einer Rasse, einer Altersgruppe oder eines Geschlechts gibt es große individuelle Schwankungen zwischen den einzelnen Vertretern. Daher ist auch das Wissen über das Verhalten des individuellen Hundes in der Vergangenheit von großem Interesse bei der korrekten Einordnung.

Handlungsbedarf?

Ist ein Verhalten der Kategorie „Unerwünschtes Verhalten" zuzuordnen, entscheiden in der Regel die Halter*innen selbst, ob sie eine Änderung des Verhaltens wünschen und ein entsprechendes Training beginnen oder ob sie mit der Verhaltensweise des Hundes gut leben können. Sofern fremde Menschen oder Tiere durch das Verhalten nicht eingeschränkt oder beeinträchtigt werden, besteht nicht unbedingt Handlungsbedarf. Es handelt sich um eine individuelle Entscheidung, die von den Vorstellungen der Halter*innen und der jeweiligen Lebenssituation abhängig ist.
Ist ein Verhalten hingegen der Kategorie „Problemverhalten" oder „Verhaltensstörung" zuzuordnen, besteht zwingender Handlungsbedarf. Das Verhalten geht aufseiten des Vierbeiners mit Unwohlsein oder Leid einher, das aus tierschutzrechtlicher Sicht im Rahmen der Möglichkeiten behoben oder auf ein Mindestmaß reduziert werden muss. Auch wenn die Halter*innen selbst das Verhalten als nicht störend empfinden sollten, handelt es sich um ein tierschutzrelevantes Problem, das ein Handeln notwendig macht.

Ursachenforschung

Unerwünschtem Verhalten, Problemverhalten und Verhaltensstörungen liegen jeweils unterschiedliche Ursachen zugrunde, die sich jedoch teilweise überschneiden können.
Unerwünschtes Verhalten wird begünstigt durch eine bestimmte (Rasse-) Veranlagung des Hundes sowie durch bestimmte Lebensumstände des Mensch-Hund-Teams. Häufig ist in Kombination ein wenig optimales Training zu beobachten, sodass ungünstige Lernerfahrungen das Verhalten erhalten und verstärken.
So ist beispielsweise bei einem Schweizer Sennenhund rassebedingt zu erwarten, dass er beim Anblick von Passant*innen am Gartenzaun bellt. Liegt der Garten nun direkt an einem belebten Spazierweg, begünstigen diese Lebensumstände das Auftreten des unerwünschten Verhaltens „Bellen am Gartenzaun". Laufen die Halter*innen bei jedem Bellen zudem laut und aufgeregt rufend zum Hund, kann auch dieser Aspekt zu einem verstärkten Auftreten des unerwünschten Verhaltens führen. Bei einem Golden Retriever hingegen ist rassebedingt ein ausgeprägtes Interesse an Futter nicht ungewöhnlich. Erhält er immer mal wieder einen Happen vom Tisch, wenn er seinen Kopf auf den Schoß der Halter*innen legt, wird er dies zukünftig häufiger tun. Das unerwünschte Verhalten „Betteln am Tisch" nimmt zu.
Die Ursachen von Problemverhalten können sehr vielschichtig sein. Neben den bereits oben erwähnten Faktoren der (Rasse-)Veranlagung des Hundes, der Lebensumstände und der gesammelten Lernerfahrungen spielen häufig auch körperliche Erkrankungen eine zentrale Rolle. Ebenso können sich Defizite während der Sozialisation und eine genetische Neigung zu verstärkter Ängstlichkeit oder zu Reaktivität negativ auswirken.
Zeigt ein Hund eine Verhaltensstörung, ist die Grenze seiner Anpassungsfähigkeit überschritten worden. Wo diese Grenze jedoch liegt, ist von Hund zu Hund unterschiedlich und von zahlreichen Faktoren abhängig. Grundsätzlich werden dabei innere und äußere Faktoren unterschieden. Zu den inneren Faktoren zählt unter anderem die Genetik des Hundes. So kann das Jagen der eigenen Rute beim Bullterrier vermehrt auftreten oder das Flankensaugen beim Dobermann. Aber auch eine genetisch stärker ausgeprägte Neigung zu Ängstlichkeit oder Reaktivität kann Verhaltensstörungen begünstigen. Ebenso spielen körperliche Erkrankungen, die genetisch bedingt sein können, aber nicht müssen, eine entscheidende Rolle. Zu äußeren Stressfaktoren zählen für Hunde unter anderem Lebensbedingungen, die mit den Bedürfnissen des Hundes nicht übereinstimmen. Wenngleich ein gewisses Maß an Stress in Kombination mit ausreichenden Regenerationsphasen als normal angesehen werden kann und kein Problem darstellt, kann chronischer, negativer Stress ohne ausreichende Regenerationsphasen das Auftreten von Verhaltensstörungen stark begünstigen.
Zu beachten ist, dass einige Verhaltensstörungen je nach Schweregrad zumindest anteilsweise auch unter verbesserten Bedingungen bestehen bleiben können. Daher muss eine Verhaltensstörung nicht zwingend auf ein akutes Defizit hinweisen, sondern kann auch durch Umstände in der Vergangenheit bedingt sein. Dies sollte unbedingt bedacht werden, um Halter*innen von Hunden mit Verhaltensstörungen nicht vorschnell zu verurteilen. Häufig werden betroffene Hunde aus dem Tierschutz übernommen und zeigen auch unter den nun deutlich

Das Jagen der eigenen Rute kann zur echten Verhaltensstörung werden. (Foto: shutterstock.com / Tatyana Blinova)

besseren Lebensumständen in ihrem neuen Zuhause weiterhin (ansatzweise) die schon zuvor entwickelte Verhaltensstörung.
Ein Beispiel kann ein Schäferhund darstellen, der die ersten Jahre seines Lebens in einem kleinen Zwinger bei unzureichender Pflege und Versorgung verbracht hat und daraufhin begonnen hat, den Großteil des Tages über seine eigene Rute zu jagen. Auch wenn dieser Hund in seinem neuen Zuhause einen angemessenen Tagesablauf erfährt, gesundheitlich und pflegerisch gut versorgt wird und auch alle weiteren Bedürfnisse ausreichend erfüllt werden, ist damit zu rechnen, dass er in Situationen, die leichten Stress auslösen, wie das Passieren eines fremden Hundes, dennoch das Jagen der eigenen Rute zeigt.

Was tun?

Ebenso unterschiedlich wie die Ursachen von unerwünschtem Verhalten, Problemverhalten und Verhaltensstörungen sind auch die jeweiligen Lösungsstrategien.
Zeigt ein Hund unerwünschtes Verhalten, liegt der Schwerpunkt auf gezieltem Training. Eine genaue Analyse des bisherigen Trainings kann etwaige unbemerkte Trainingsfehler aufdecken, die bisher den Erfolg verhindert haben. Unter anderem sollte die Wahl der Verstärker („Belohnung“) und das Timing genau überprüft werden. Versteckte, also weniger offensichtliche, unbewusste Verstärker oder auch Strafen sind ebenfalls häufige Stolperfallen. Ein gezieltes Management kann den Trainingserfolg weiterhin unterstützen. Vielfach sind eine genaue Überprüfung und Optimierung der Lebensumstände des Hundes eine wertvolle Unterstützung. Sind wichtige Bedürfnisse wie Schlaf oder auch soziale Interaktionen erfüllt, unterstützt dies den Trainingserfolg. Auch ein Verständnis des normalen hündischen Verhaltens sowie des Verhaltens einer Rasse im Speziellen kann hilfreich sein, mit dem unerwünschten Verhalten des Vierbeiners umzugehen.
Gut ausgebildete Hundetrainer*innen

sind im Fall von unerwünschtem Verhalten die passenden Ansprechpartner*innen.

Tritt bei einem Hund Problemverhalten auf, ist eine verhaltenstherapeutische Herangehensweise erforderlich. Neben einem genauen Erfassen der Vorgeschichte, des bisherigen Trainings und der Lebensumstände muss auch die Fütterung und die Gesundheit des Hundes detailliert untersucht werden. Schmerzen, Erkrankungen des Magen-Darm-Trakts, Allergien oder Einschränkungen der Sinnesorgane sind besonders häufig Ursache oder Verstärker von Problemverhalten. Neben einem verhaltenstherapeutischen Training und einem gezielten Management können auch bestimmte Nahrungsergänzungsmittel oder Psychopharmaka zum Einsatz kommen.

In diesen Fällen können sich Hundehalter*innen an speziell qualifizierte Hundetrainer*innen, die bezüglich der medizinischen Abklärung mit Tierärzt*innen zusammenarbeiten, oder aber an Tierärzt*innen mit der Zusatzbezeichnung Verhaltenstherapie bzw. Fachtierärzt*innen für Verhaltenskunde wenden.

Leidet der Hund unter einer Verhaltensstörung, ist eine verhaltensmedizinische Abklärung des Hundes unumgänglich. Die Herangehensweise ähnelt jenem des Problemverhaltens. Der medizinischen Komponente ist eine sehr große Bedeutung beizumessen. Im Fall einer Verhaltensstörung arbeiten Tierärzt*innen mit der Zusatzbezeichnung Verhaltenstherapie bzw. Fachtierärzt*innen für Verhaltenskunde häufig mit Kolleg*innen aus der Neurologie, Orthopädie, Dermatologie und anderen Fachgebieten zusammen, da es in diesem Bereich sehr häufig Überschneidungen der medizinischen Fachgebiete gibt.

Vorbeugung

Damit sowohl unerwünschtes Verhalten als auch Problemverhalten und Verhaltensstörungen seltener auftreten, ist eine genaue Kenntnis hundetypischer sowie rassetypischer Verhaltensweisen bereits vor Anschaffung des Hundes essenziell. Der ursprüngliche Einsatzzweck einer Rasse sollte genau bekannt sein und mit den eigenen Lebensumständen abgeglichen werden. Bereits bei der Wurfplanung kann der Fokus auf eine größtmögliche Gesundheit sowie entsprechende charakterliche Eigenschaften gelegt werden. Auch die Aufzucht sollte sehr umsichtig erfolgen und übermäßiger Stress bei der Mutterhündin vermieden werden. Gleichzeitig ist in dieser Phase auf die sorgsame Auseinandersetzung mit zahlreichen Umweltreizen zu achten sowie auf die angemessene Entwicklung der Frustrationstoleranz. Während des weiteren Hundelebens sollten die optimale gesundheitliche Versorgung des Vierbeiners und das Schaffen bedürfnisgerechter Lebensumstände einen hohen Stellenwert einnehmen. Nicht zuletzt sind fundierte Kenntnisse über das Lernverhalten des Hundes und Training notwendig, um langfristig ein harmonisches Leben miteinander verbringen zu können.

DR. LARA STEINHOFF ...

(Foto: Archiv Steinhoff)

... hat mit einer Arbeit über Schilddrüsenstoffwechsel promoviert und arbeitet als Tierärztin mit der Zusatzbezeichnung Verhaltenstherapie im Münsterland. Als Inhaberin der „Pfoten-Werkstatt" bietet sie ein professionelles Angebot aus Hundetraining, Seminaren und Vorträgen, Verhaltenstherapie für Hund und Katze sowie Ernährungsberatung und endokrinologischer Beratung an. Insbesondere bei Verhaltensproblemen ist ihr eine ganzheitliche Herangehensweise wichtig, bei der das Problemverhalten nicht isoliert, sondern im Zusammenhang mit der Gesundheit des Tieres sowie der Ernährung betrachtet und behandelt wird. Dr. Lara Steinhoff ist als Referentin in anderen Hundeschulen zu Gast und als Buchautorin tätig. Ihr aktuelles Buch „Schilddrüsenunterfunktion beim Hund – Fragen und Antworten für Hundehalter" ist im Hundebuch-Verlag Easy Dogs erhältlich. **www.pfoten-werkstatt.de**

(Foto: Pia Gröning)

HUND UND MENSCH

WER MUSS SICH WEM ANPASSEN?

Ich bin im Urlaub und genieße es, ein Hörbuch zu hören. Der junge Hund der Hauptfigur rennt durch irische Felder. Die Autorin beschreibt, wie der junge Wasserhund zu den Kühen läuft, ein wenig die Schafe scheucht, jeden Hund begrüßt und sein Leben genießt. Hach, denke ich, ob es diese Orte tatsächlich noch gibt, wo ein Hund einfach Hund sein darf?

VON PIA GRÖNING

Dann mache ich einen langen Strandspaziergang. Frühmorgens ist zugegebenermaßen meine liebste Zeit. Denn dann bin ich mit meinen drei Hunden fast ganz allein am Strand und kann die Natur mehr genießen als am Nachmittag, wenn es deutlich voller wird, was gleichzeitig bedeutet, alle drei mehr im Blick zu haben. Eine der drei liebt es, zu Menschen zu rennen, die auf einem Handtuch auf dem Boden liegen – doch so einen nass-sandigen Deutsch Langhaar hat nicht jeder gern mitten auf seiner Decke stehen. Die Nächste fühlt sich von den Dünen magisch angezogen und nimmt diese als willkommene Abwechslung, um dem Trubel auszuweichen, da sie fremde Menschen nicht so toll findet. Und der Dritte reagiert empfindlich bei bestimmten Geräuschen und fühlt sich umso unwohler je mehr um ihn herum los ist.

Die Körpersprache des Hundes lesen

Mein Bruder ist mit seiner Familie auch mit auf Urlaub. Er ist seit einigen Monaten neuer Hundebesitzer und hat eine junge Hündin aus Ungarn adoptiert. Ein liebes Tier. Doch dann rennt die Hündin plötzlich begeistert zu einem Jogger hin – das ist meinem Bruder höchst unangenehm, denn hat er mir viele Jahre immer wieder berichtet, dass er sich als Jogger von dem einen oder anderen Hund belästigt fühlte.
Mit dem Rollenwechsel kommt die Erkenntnis, dass so ein Hund ein Eigenleben führt und auch nicht immer gleich reagiert. Der Satz „Das hat er noch nie getan!" ist zwar inzwischen verpönt, doch hat er sicher auch oft seine Daseinsberechtigung. Was in dem Moment geholfen hätte, wäre ein besseres Lesen der Körpersprache gewesen. Denn dann hätte mein Bruder früher reagieren können. Seine Hündin gehorcht nämlich gut und lässt sich prima abrufen. Er hat die Situation aber schlicht und einfach zu spät erkannt.

Bilder, die uns beeinflussen

Sicherlich spielte da auch noch der Aspekt mit hinein, dass jeder von uns ein bestimmtes Bild davon hat, wie sein Hund ist. Bei manchen Kunden beobachte ich, dass sie es manchmal verpassen, diesbezüglich ein Update zu machen. Sie sehen et-

Ein Hund jagt Enten nicht, weil er seinen Menschen ärgern will, sondern weil es ihm Spaß macht. (Foto: shutterstock.com/otsphoto)

wa noch lange, nachdem der sehr ängstliche Hund aus dem Tierschutz zum „normalen" Hund geworden ist, diesen weiterhin als ängstlich an. Dementsprechend behandeln sie ihn weiterhin auch so, obwohl man ihm nun mehr Reizinput zutrauen könnte oder weniger Rücksicht auf seine Ängste nehmen müsste.

Wenn ich selbst nicht flexibel bin, mein Bild, das ich von dem Hund habe, anzupassen, passieren zwei Dinge: Zum einen gebe ich dem Hund wenig Optionen, sich weiterzuentwickeln, und zum anderen nehme ich ihn und sein Verhalten anders wahr als der Rest meines Umfelds. Zwei Beispiele zur Verdeutlichung:

– Wenn mein Hund jagdlich interessiert war und ich ihn immer an der langen Leine führe, weiß ich gar nicht, ob er sich weiterentwickelt hat, wenn ich diese Leine nicht auch mal abmache und mir anschaue, wie der Hund sich im Freilauf benimmt.

– Jagdverhalten entwickelt sich in den ersten Lebensjahren. Auch das Kettenelement Töten entwickelt sich erst nach und nach, wenn es denn genetisch vorhanden ist. Wenn man nun einen süßen, schlappohrigen Jagdhund im Welpenalter hat, kann sich mancher Hundehalter einfach nicht vorstellen, dass dieser so nette Hund einem Beutetier ernsthaft Schaden zufügen könnte – bis der Tag X gekommen ist. Einem Jäger oder auch einem versierten Hundetrainer hingegen ist durchaus klar, was beispielsweise ein Schweißhund mit einem verwundeten Reh tun wird.

Manchmal passt unser Bild ganz gut zum Hund, und wir schätzen ihn oft richtig ein. Manchmal müsste es angepasst werden, und das bedeutet, dass wir unseren Hund anders sehen als unsere Umwelt.

Unerwünschtes Verhalten, um uns zu ärgern?

Bei jedem Strandgang kommen wir an einer toten Robbe vorbei. Jeder der Hunde hat sich darin inzwischen genussvoll gewälzt. Die Hunde vergessen die Stelle nie, ich hingegen leider schon. Manchmal sehe ich bereits im Ansatz, was sie vorhaben, dann rufe ich sie zu mir, und wir gehen vorbei. An diesem Tag riecht es im Ferienhaus nicht nach verwesender Robbe. An anderen Tagen verpasse ich es halt, rechtzeitig zu rufen. Ärgern tue ich mich darüber nicht bzw. höchstens über meine Unachtsamkeit. Das ist normales Hundeverhalten. Sie tun dies nicht, um mich zu ärgern. Das ist sehr wichtig. Oft habe ich den Eindruck, dass der eine oder andere Kunde das Gefühl hat, sein Hund würde sich so und so verhalten, um ihn absichtlich zu ärgern, bloßzustellen, zu ängstigen etc. Das sind menschliche Interpretationen und auch eher menschliche Verhaltensweisen. Bei Hunden konnte ich bisher solche Charakterzüge nicht beobachten.

Hunde sind generell daran interessiert, sich ein schönes Leben zu machen. Zugegebenermaßen haben sie oft andere

Ansichten bezüglich Spaß als ihre menschliche Familie: In Kacke und Verwesendem wälzen, Wild oder Bewegungsreize jagen, Personen vom Grundstück vertreiben, Ekeliges fressen, am Strand stehende Rucksäcke, Sandburgen und Co anpinkeln, bei innerem Frust sich in die Leine hängen und andere Hunde anpöbeln – die Liste ließe sich noch erweitern! Zum Glück hat selten ein Hund all diese Hobbys auf einmal. Wie bei uns Menschen auch gibt es eher individuelle Vorlieben.

Verhaltensabbruch als Allheilmittel?

Wenn ich als Mensch auf diese Hobbys mit Verhaltensabbruch reagiere, hat das Auswirkungen auf die Beziehung zwischen meinem Hund und mir. Manche Hunde akzeptieren den Abbruch und zeigen das unerwünschte Verhalten nicht mehr oder nur selten. Dann ist die Sache für alle erledigt. Ehrlicherweise läuft es aber selten so einfach. Häufiger ist es so, dass der Hundebesitzer jedes Mal neu in der Situation abbrechen muss – meist von Mal zu Mal intensiver, damit der Hund den Abbruch überhaupt noch ernst nimmt. Der Hundebesitzer ist von seinem Hund immer genervter und der Hund umgekehrt auch. Es kommt schlechte Stimmung beim Spaziergang auf. Je nach Problem muss der Hund nun auch dauerhaft an der Leine geführt werden. Genervtsein ist allerdings noch besser, als die Dosierung des Abbruchs so intensiv zu gestalten, dass der Hund nun vor seinem Besitzer Angst hat oder insgesamt verängstigt spazieren geht.

Was ist die Alternative zum Abbruch?

Vorausschau, das heißt in der Körpersprache des Hundes, die Absicht erkennen, und ein guter Rückruf oder alternativ das Signal „Weiter!" sind sehr hilfreich. Noch besser ist es, proaktiv zu agieren, also den Hund für gutes Verhalten zu belohnen. Ich fange mithilfe eines Markerwortes immer dann gewünschte Verhaltensweisen meines Hundes ein, wenn ich genau weiß, dass er in dieser Situation normalerweise impulsiv reagiert hätte. Tatsächlich benimmt sich jeder Hund gut, kurz bevor er sich schlecht benimmt. Es ist also mal wieder eher eine Frage unseres Timings und unserer Aufmerksamkeit, die guten Momente zu erwischen. Der Hund kennt unsere Richtlinien nicht, die sein Leben so stark beschränken. Er weiß auch nichts von Giftködern, Gefahren durch Fahrzeuge, Katasterplänen und Co. Es ist an uns, ihm zu vermitteln, sich angepasst zu verhalten und dies tatsächlich auch entgegen seinen Bedürfnissen, entgegen seinem Verständnis von der Welt.

Interesse bekunden – aber wie?

Doch manchmal können wir dem Hund auch entgegenkommen. Am Strand lag heute eine tote Möwe. Die war noch zu frisch zum Wälzen, doch das Interesse, sie zu beschnüffeln, war geweckt. Ich bin ebenfalls hingegangen und habe sie mir näher angeschaut. Einfach so, ohne Intention, den Hunden etwas zu verbieten oder sie da wegzuscheuchen. Immerhin macht das Freundschaften und Beziehungen aus – gleiche Interessen. Bei meinen Kunden beobachte ich leider manchmal, dass diejenigen, die besonders ängstlich sind, sowie diejenigen, die zu Perfektionismus neigen, oft Hunde haben, die anscheinend besonders viel Mist machen oder, netter ausgedrückt, extrovertierter sind. Manchen scheint es nahezu Spaß zu machen, auf diese Art Aufmerksamkeit zu bekommen. Andere hingegen lassen den aufgebauten Druck durch sogenanntes Übersprungverhalten raus. Sie tun Dinge nicht um der Freude willen, sondern um negative Gefühle zu kompensieren und sich durch das Übersprungverhalten besser zu fühlen. Bei beiden Varianten ist das Verhalten quasi das Symptom von etwas, nicht die Ursache. Nur wenn ich die Ursache beseitige, verschwindet auch dieses Verhalten.

Wenn meine Hunde beispielsweise zu wenig Schlaf und viele aufregende Erlebnisse hatten, dann reagieren sie auf die kleinsten Geräusche von draußen mit Bellen. Im ausgeschlafenen Zustand interessieren sie dieselben Geräusche überhaupt nicht. Wenn ein Hund nur Aufmerksamkeit bekommt, wenn er sich aus unserer Sicht schlecht benimmt und im Kontrast keine oder weniger Aufmerksamkeit für braves Verhalten, kann er dadurch lernen, sich schlechter und schlechter zu benehmen. Abhilfe schafft hier nur, ihn bei Fehlverhalten wenn irgendwie möglich zu ignorieren und ihm hingegen die Aufmerksamkeit zu schenken, wenn er sich entsprechend gut benimmt. Nehmen wir Pferdeäpfel als Beispiel. Ich habe gar kein Problem damit, wenn meine Hunde welche fressen. Zum einen sind sie von der Rasse her gesundheitlich nicht gefährdet, sollten sich Entwurmungsmittel in den Hinterlassenschaften befinden. Zum anderen stelle ich fest, dass sie nur dann Pferdeäpfel fressen, wenn sie anscheinend einen Ernährungsmangel haben. Unter den Umständen finde ich es sogar gut, wenn sie den Kot von Pflanzenfressern aufnehmen. Ich habe übrigens durchaus verfressene Spaniels. Trotzdem hatte ich noch mit keinem Hund das Problem, dass er übermäßig viel Pferdeäpfel aufgenommen hätte. Im Gegenteil. Ich schätze, dass meine Hun-

Gelassenheit hilft im Alltag mit Hunden. (Foto: shutterstock.com / Rebecca Ashworth)

de an 80 Prozent der herumliegenden Pferdeäpfel vorbeigehen. Wenn sie ihr Verhalten dauerhaft verändern würden, dann würde ich Veränderungen in ihrer Ernährung vornehmen. Ich erlebe es aber so oft auf den Spaziergängen, wie Hundehalter sich auf jede erdenkliche Weise bemühen, ihren Hund von Pferdeäpfeln fernzuhalten. Mich erinnert das oft an die Schilder an Baustellenzäunen: „Betreten verboten! Eltern haften für ihre Kinder!“ Für mich waren das als Kind magisch anziehende Orte, die entdeckt werden mussten.

Gelassenheit im Alltag

Gestern hat unser Deutsch Langhaar einen Collie-Mix gemobbt. Das hat er noch nie getan! Er ist eher unser liebes braunes Schaf, das von anderen gemobbt wird. Was war anders als sonst? Ich hatte mich kurz vorher sehr über eine andere Person geärgert. Zufall? Vielleicht. Fakt ist, unsere Hunde spiegeln uns stark, vorausgesetzt, wir sind ein Team. Dann kann es passieren, dass ein einsamer Spaziergänger im Wald von meinem Hund verbellt wird, weil ich selbst gerade skeptisch denke: Warum ist dieser Mann allein unterwegs und schaut ständig herüber?
Nicht selten stelle ich auch bei Leinenaggression fest, dass die am anderen Ende der Leine befindlichen Hundebesitzer eher dazu neigen, sich aufzuregen, und dies lautstark zu kommunizieren. Der auf Social Media diskutierte Klassiker ist das Thema: „Freilaufender Hund kommt auf meinen angeleinten Hund zugelaufen, und der dazugehörige Hundebesitzer unternimmt nichts.“
Ja, das entspricht nicht der Netiquette unter Hundehaltern. Ich kann mich darüber natürlich aufregen und sollte mich dann auch nicht wundern, wenn mein Hund ebenfalls abwehrend reagiert. Ich könnte aber auch gelassen bleiben, vielleicht sogar Verständnis aufbringen. Vielleicht ist der Hund zum ersten Mal im Freilauf? Vielleicht ist es ein unerfahrener Hundebesitzer? Vielleicht hat er mich zu spät gesehen und ruft jetzt nicht, weil er weiß, dass es eh nicht klappen wird? Vielleicht zeigt der andere Hundebesitzer durch sein scheinbares Desinteresse auch selbst ein Übersprungverhalten, weil ihm die Situation sehr peinlich ist? Vielleicht hat sein Hund sich bisher noch nie für andere Hunde interessiert und rennt heute zum ersten Mal hin?
Selbstverständlich gibt es auch die Hundehalter, denen die Netiquette einfach egal ist. Die Frage ist nur, ob sich an der Situation selbst etwas verbessert, wenn ich mich aufrege und innerlich vor Wut koche. Nein, es ändert sich nichts, und ich schade lediglich mir selbst. Wenn ich hingegen möglichst freundlich grüße und meinem Hund erkläre, dass wir anscheinend Besuch bekommen, steigt die Wahrscheinlichkeit, dass die Begegnung netter endet. Vielleicht komme auch ich demnächst mal in eine Situation, in der mein Hund sich entgegen der Netiquette verhält, und in der ich froh bin, dass der andere dann nicht vehement auf sein Recht pocht, sondern einfach sagt: „Es sind Hunde, kann halt passieren.“ Es ist ein innerer und länger dauernder Prozess, mit Situationen gelassener umzugehen, die einen selbst stressen. Es fängt damit an, sich selbst vorzunehmen, künf-

tig anders zu reagieren. Bereits die Art und Weise, wie die eigenen Gedanken sprachlich formuliert sind, können einen Unterschied machen. Sind Formulierungen, mit denen dem Gegenüber Schaden gewünscht wird, darunter, sollten diese ersetzt werden durch schönere Alternativen. Die eigene Körpersprache ist ebenfalls wichtig. Lächle ich oder verziehe ich mein Gesicht ärgerlich? Nehme ich eine abwehrende Haltung ein? Wirke ich flüchtend oder meinem Hund gegenüber eher selbstsicher? Tatsächlich können Atemtechniken und andere Entspannungsmaßnahmen in solchen Situationen ebenfalls helfen, wenn ich mich selbst reflektiere und vielleicht feststelle, dass auch ich meinen Teil zum Fehlverhalten meines Hundes beitrage.

Sozialer Druck

Manchmal macht es Sinn, Netiquetten zu hinterfragen. Eigentlich sollen meine Hunde nicht einfach zu fremden Personen hingehen. Ich weiß ja vorher nicht, ob die den Kontakt möchten. Sowohl der Vorgänger meines jetzigen Spaniel-Rüden als auch er selbst haben so eine bestimmte Art, sich auf andere Personen zuzubewegen. Ich würde es als schlendern bezeichnen. Wenn die Personen irgendeine freundliche Reaktion zeigen, geht er hin, ansonsten geht er halt weiter. Der Prozentsatz der positiven Reaktionen ist sehr hoch. Er zaubert den Menschen ein Lächeln ins Gesicht. Obwohl ich in meiner Freizeit überhaupt nicht kommunikativ bin, lächle ich dann zurück, warte kurz, bis der Kontakt vorbei ist, und dann gehen wir weiter. Manchmal sind das die kurzen Momente, die allen Beteiligten das Leben schöner machen. So kann das übrigens auch mit Begegnungen an der Leine sein. Ja, es wäre total ungünstig, wenn die Leinen sich ineinander verwurschteln und plötzlich die Hunde eine Auseinandersetzung hätten. Auch Spiel an der Leine ist nicht möglich. Trotzdem ist es schade, wenn das bedeutet, dass der Hund beim Spaziergang nie Kontakte haben kann, weil er vielleicht immer angeleint laufen muss. Für manche Hunde empfinde ich es sogar als schädlich, weil das ein fruchtbarer Boden für eine Leinenaggression ist, die aus Frust (wollen, aber nicht dürfen) entsteht.

Netiquetten sind wichtig für ein harmonisches Miteinander. Doch wenn es für alle Beteiligten okay ist, darf man diese auch mal brechen. So rufe ich dann dem entgegenkommenden Spaziergänger mit freilaufendem Hund zu, dass er seinen Hund ruhig weiter frei laufen lassen kann, obwohl meiner gerade angeleint ist, oder ich frage einfach mal nach, ob er „Hallo sagen“ darf, wenn ich das Gefühl habe, dass mein Hund das möchte.

Fazit

Vieles, was wir nicht gut finden, ist aus Hundesicht normales Verhalten. Gute Beziehungen macht aus, dass alle Beteiligten sich möglichst viel aufeinander zubewegen und ein freundliches Miteinander haben, auch wenn es gerade kriselt. Manche Eigenheiten gilt es zu akzeptieren oder sogar einen Weg zu finden, sie zu mögen. Andere lassen sich durch Training beeinflussen.

Als Mensch darf ich mich gern immer wieder reflektieren, ob mein Hund die Verhaltensweisen als Ursache oder als Symptom zeigt, und gegebenenfalls die Situation für meinen Hund positiv verändern. Denn der Hund sucht sich seine Lebensumstände nicht aus, sondern wir Menschen sind diejenigen, die die Verantwortung dafür tragen.

Wenn ich die Körpersprache des Hundes lesen kann, selbst ihrer mächtig bin und meinem Hund immer wieder positives Feedback gebe, sobald er sich erwünscht verhält, dann sind wir auf einem guten Weg zu einem harmonischen Zusammenleben!

Weiterführender Content:
https://pia-groening.de/hundeglueck/
https://www.pfotenakademie.de/effektives-hundetraining-tipps-tricks/#Impulskontrolle-einfangen

PIA **GRÖNING ...**

(Foto: Archiv Gröning)

... lebt und arbeitet als Hundetrainerin, Referentin und Autorin in Marl, zwischen Ruhrgebiet und Münsterland gelegen. Die studierte Pädagogin und Inhaberin der Pfotenakademie Ruhrgebiet gibt regelmäßig (Online-)Kurse und Seminare zum Thema Bindung und Kommunikation. In diesem Kontext kommt das Artikelthema häufig vor. Der Schwerpunkt der Jagdscheininhaberin ist allerdings das Training von Jagdhunden in Nichtjägerhand. Hier kommt es häufig zu dem Konflikt, dass die Hunde nicht jagen sollen, obwohl ihre Genetik dies mitbringt. Pia teilt ihr Leben mit ihrem Partner Raymond, seinem Deutsch Langhaar Ardo und ihren zwei Spaniels aus dem Tierschutz, Cookie und Alison.

www.pia-groening.de

(Foto: shutterstock.com/abolukbas)

„WILLST DU DIE ROTE ODER DIE BLAUE PILLE?“

Dieses Filmzitat passt für mich auch ins Hundetraining, denn immer wieder kommen wir im Leben an den Punkt, an dem wir eine Entscheidung treffen müssen: Bleibe ich weiter in meiner gewohnten, vertrauten Bubble, tue Dinge, wie ich sie immer schon getan habe, oder verlasse ich meine Komfortzone? Bin ich bereit, meine Überzeugungen und mein Wissen infrage zu stellen und eventuell zu schmerzhaften Erkenntnissen zu kommen?

VON MANUELA ZAITZ

METHODENWAHL IM UMGANG MIT VERHALTENSORIGINELLEN HUNDEN

Ich habe meine (bittere) Pille vor mehr als einem Jahrzehnt geschluckt. Ich habe Verhalten bei meinen eigenen Hunden und bei Kundenhunden immer positiv aufgebaut, dann aber auch „abgesichert“. „Absichern“ bedeutete, den Hund in eine Verleitung zu führen, und wenn er sich falsch entschied, dann gab es „Konsequenzen“. Natürlich für den Hund negative Konsequenzen, in Form von positiver Strafe. Da flogen dann auch mal Discs oder eine Wurfkette, schließlich sollte der Hund verstehen, dass sein Fehlverhalten unerwünscht ist. „Der muss ja auch eine Rückmeldung bekommen, wenn er es falsch macht“ – so wurde es mir damals beigebracht, und auch heute ist das in vielen Hundeschulen leider immer noch Standard.

Ich habe wirklich die ganze Palette an Strafmaßnahmen durch; ich habe mit Wasser gespritzt, geblockt, abgedrängt, an der Leine „gezupft“, in die Seite gepikt, am Kragen gepackt, „Nein“ gebrüllt, Sprühhalsbänder benutzt, Verhalten unterbunden. Alles aus tiefster Überzeugung, denn Fehlverhalten müsse Konsequenzen haben. „So geht das nicht, der tanzt mir sonst auf der Nase herum“, dachte ich. Ich habe all das getan, weil es „funktioniert“ hat. Weil die Hunde beeindruckt waren, zumindest für eine kurze Zeit. Das gab mir die Bestätigung: Ja, es funktioniert, ich bin auf dem richtigen Weg.

Umdenken

Irgendwann zog ein verhaltensorigineller Border-Mix bei mir ein. Scully war in vielen Bereichen ein absoluter Traum, in anderen ein Albtraum. Zum Beispiel bei Hundebegegnungen: Zu Beginn noch moderat, verschlimmerte ich durch meine Form des „Trainings" das Verhalten meines Hundes.
Wir hatten Hundebegegnungen, Scully äußerte Unmut, und ich bestrafte ihr Knurren, ihr Fixieren, alles, was mir nicht passte. Dadurch war sie bei der nächsten Hundebegegnung noch angespannter, denn wenn Hunde auftauchten, wurde ich auch noch blöd zu ihr. Das macht fremde Hunde nicht beliebter und verbesserte die Situation nicht. Anstelle eines Problems, nämlich das eines fremden Hundes, hatte sie nun plötzlich ein zweites: mich.
Eines Tages flippte sie an der Leine aus, ich strafte ihr Verhalten mit einem Piks in die Seite, sie fuhr herum und packte meine Hand. Hui, rückgerichtete Aggression, damit hatten wir ein weiteres Problem mehr auf der Liste. Und genau da musste ich entscheiden, welche Pille ich schlucken will. Will ich weitermachen wie bisher, die Strafe erhöhen, dem Hund „Privilegien" entziehen, oder gestehe ich mir ein, dass ich dabei bin, eine Gewaltspirale in Gang zu setzen?
Durch verschiedene Seminare, die ich zu den unterschiedlichsten Themen schon besucht hatte, wusste ich, dass es Trainer*innen gibt, die mit dem Clicker am Aggressionsverhalten arbeiten. Ich besorgte mir das Buch „Click to Calm, Healing the Aggressive Dog" von Emma Parsons und war geflasht. Die Zusammenhänge waren so verständlich, alles klang so logisch, doch mein ganzes bisheriges Wissen stand dem gegenüber. Ich konnte doch jetzt nicht anfangen, in aggressives Verhalten hineinzuclickern, das würde bestimmt die Aggression verstärken? Sollte wirklich alles, was ich bis dato gelernt hatte, so falsch sein?
Kleiner Spoiler: Nein, aber vieles davon, und es tut weh, dies sich selbst einzugestehen und vor anderen zuzugeben.
Ich suchte mir einen Hundetrainer, von dem ich wusste, dass er gewaltfrei auch an solchen Problemen arbeitet. Selbst ein Crossover-Trainer, hatte er Verständnis für meinen Wissensstand. Ich war sicherlich keine einfache Kundin. Zu jener Zeit explodierte mein Hund bei Hundesichtung in 70 Metern. In meiner ersten Einzelstunde mit dem neuen Trainer versuchte ich lang und breit zu erklären, warum das, was er vorschlug, nicht funktionieren könne. Er war sehr beharrlich, und so befolgte ich letztlich seine Anweisungen. Ich clickte in das unerwünschte Verhalten, durch und durch davon überzeugt, dass das grober Unfug sei und nicht funktionieren könne.

Das Training ist hier nur sehr auszugsweise beschrieben. Bitte zieht bei Aggressionsverhalten immer eine*n gut ausgebildete*n, gewaltfrei arbeitende*n Trainer*in hinzu.

Veränderungen

Meine Hündin reagierte gar nicht, pöbelte einfach weiter und hing kreischend in der Leine. Auf Anweisung clickte ich weiter, innerlich kopfschüttelnd. Als dann eine Reaktion meiner Hündin kam, sie innehielt, zu mir schaute, offensichtlich auch verwirrt, belohnte ich vom Auslöser weg. Sie fraß das Leckerchen, schaute in Richtung des Kontrahenten, atmete scharf, und noch bevor sie erneut explodierte, clickte ich und belohnte erneut vom Auslöser weg. Binnen zweier Monate hatte ich eine andere Hündin. Sie flippte nicht gleich aus, sie fixierte, wurde steif, und ich clickte. Ihr Verhalten änderte sich unfassbar schnell, bei Hundesichtungen schaute sie bald erwartungsvoll in meine Richtung, und ich begann dieses Verhalten zu belohnen. Unser Leben wurde so viel besser. Nein, es war nicht immer alles eitel Sonnenschein und auch nicht so, dass wir fortan nie wieder Probleme gehabt hätten: So war es ganz bestimmt nicht. Insbesondere stressige Situationen wie ein Aufenthalt in einem Hundehotel bescherten uns immer wieder Rückfälle. Jedoch waren diese nicht so heftig wie das frühere Verhalten. Mit heutigem Wissen könnte ich sicher auch das weiter optimieren, doch heute lebt sie leider nicht mehr, ich musste sie vor vier Jahren wegen Krebs gehen lassen.

Gewaltfrei?

Von Training zu Training wurde mein Hund handelbarer, war ansprechbar, kooperierte mit mir. Ich war begeistert. Dann fragte mein Trainer mich, ob mir bewusst sei, dass ich meinen Hund bedrohe. Ich war fassungslos. Ich sollte meinen Hund bedrohen? Im Leben nicht! Er machte mich darauf aufmerksam, dass ich jedes Mal, wenn sie im Ansatz ein Verhalten zeigte, das mir nicht gefiel, mich auf eine bestimmte Art räusperte. Ich leugnete, das zu tun, und überhaupt, wo war die Bedrohung in einem Räuspern? Lächerlich.
Mein Hund lief neben mir, wurde schneller und wollte vor mich wechseln, da hörte ich mich räuspern – und sah die Reaktion meines Hundes: Die Ohren

Gezielt auf Stresssignale des Hundes zu achten ist ein erster Schritt zur Reflexion des eigenen Umgangsstils. (Foto: shutterstock.com / My Ocean Production)

klappten nach unten, der Gang war geduckter und deutlich verlangsamt und sie blickte sich unsicher zu mir um.
Das war der Moment, den ich nie wieder ungeschehen machen konnte. Ich habe mich geschämt – mein Hund fühlte sich von mir bedroht, egal, ob ich das wollte oder nicht, die Tatsachen lagen nun auf dem Tisch.
Diese Umlernmomente haben oft wehgetan, mir, nicht dem Hund, weil ich plötzlich realisierte, wie oft ich mich für meinen Hund bedrohlich verhalten habe, obwohl das nie meine Intention war. Ich wollte nur einen gut erzogenen Hund haben, und diese Art des Trainings hatte ich gelernt, und es „funktionierte“ doch gut.
Der entscheidende Punkt in Methodendiskussionen ist, dass Hundehalter*innen sich angegriffen fühlen, wenn man darauf aufmerksam macht, was diese Methoden beim Hund auslösen.
Ich war in einigen Fernsehsendungen zum Thema gewaltfreie Hundeerziehung zu Gast, und die Argumente, die man dort und in den nachfolgenden Diskussionen von Gegner*innen des gewaltfreien Trainings im Internet zu hören bekommt, sind immer gleich:

Aussage: „Dieses Wattebausch-Training funktioniert nur bei bestimmten Hunden. Bei Rottweilern, Staffs, Dackeln, Terriern, Jagdhunden etc. funktioniert das nicht.“ Spannenderweise ist man sich sehr uneins darüber, bei welchen Rassen es nicht funktioniert, nur die eigene Rasse ist auf jeden Fall dabei, so viel ist sicher.

Antwort: Ich hatte so viele unterschiedliche Rassen im Training, ebenso meine Kolleg*innen, ich habe noch nicht einen Hund gefunden, bei dem es nicht gewaltfrei geht. Menschen schon. Wenn Menschen glauben, das ginge nicht, schaffen sie sich ihre eigene Realität.

Aussage: „Gewaltfreies Training mag ja funktionieren für Sachen wie Pfötchengeben und Fußlaufen, aber bei Aggressionsverhalten ist das nicht möglich.“

Antwort: Täglich beweisen gewaltfrei arbeitende Trainer*innen das Gegenteil. Es ist unspektakulär anzusehen, und es gibt leider noch keine Sendung im Fernsehen, die einem breiten Publikum zeigt, wie Hunde lernen. Beispiele finden sich hier im Text. Vor kurzem fand die „Aggression in Dog Conference“ statt, bei der namhafte Trainer*innen aus der ganzen Welt genau zu diesem Thema Vorträge hiel-

Positives Training funktioniert mit kleinen, großen, unkomplizierten und verhaltensoriginellen Hunden. (Foto: shutterstock.com / Lazareva Daria)

ten. Es ist möglich, und die Frage lautet: Wenn es möglich ist, ist es dann ethisch und moralisch verantwortbar, heute immer noch auf veralteten Methoden zu beharren?

Aussage: „Gewaltfrei arbeitende Trainer lassen aggressive Hunde einschläfern."

Antwort: Mir persönlich sind bisher nur zwei Fälle bekannt, in denen ein Hund aufgrund seines Verhaltens eingeschläfert wurde. Einer wurde von einer aversiven Trainerin betreut, einer von einer gewaltfrei arbeitenden Trainerin, in beiden Fällen hatten die Hunde Menschen massivst verletzt. Die Entscheidung für eine Einschläferung treffen jedoch nicht Trainer*innen allein, da werden Amtsveterinär*innen und Gutachter*innen hinzugezogen. Niemand macht sich eine solche Entscheidung leicht, grade wenn man weiß, dass eventuell eine falsche Haltung die Reaktion des Hundes begünstigt hat. Jedoch muss man sicherstellen können, dass von diesem Hund, der massiv verletzt hat, nie wieder eine Gefahr für einen Menschen ausgehen kann. Keiner der Trainerinnen mache ich einen Vorwurf wegen ihrer Entscheidung.

Aussage: „Beziehung statt Erziehung."

Antwort: In meinen Augen klare Phrasendrescherei. Mein Ziel ist der Aufbau einer guten Beziehung zu meinem Hund, indem ich seine Bedürfnisse wahrnehme und, wo möglich, erfülle. Das ersetzt allerdings nicht das Üben von Verhalten, das unser gemeinsames Leben erleichtert.

Aussage: „Da muss man das ganze Leben lang Leckerchen mit sich rumschleppen."

Antwort: Nein, wir haben vielfältige Möglichkeiten, Verhalten zu belohnen, und nur ein Teil davon ist Futter. Ich nutze Futter gern, kann aber auf viele andere Dinge zurückgreifen, die für den jeweiligen Hund eine Belohnung sind.

Aussage: „Die Hunde werden bestochen."

Antwort: Bestechung und Belohnung sind zwei grundsätzlich verschiedene Dinge. Beispiel aus der Arbeitswelt: „Frau Meier, wenn Sie heute vier Stunden länger arbeiten, dürfen Sie Samstag zu Hause bleiben." Versus: „Frau Meier, vielen Dank für Ihren Einsatz heute, das war großartig. Nehmen Sie sich den Samstag bitte frei, das haben Sie sich verdient."

Aussage: „Man muss Hunden auch etwas verbieten dürfen."
Antwort: Ja, dafür müssen wir aber nicht schubsen, blocken oder Gegenstände nach dem Hund werfen.

Aussage: „Bei den Wattebauschwerfern darf man nicht mal Nein zum Hund sagen."
Antwort: Klar darf man. Man wird aber auch darauf hingewiesen, dass Nein in der Regel null Informationsgehalt hat, wie der Hund sich denn erwünscht verhalten soll. Es ist so viel einfacher, dem Hund gleich zu sagen, was er tun soll, als nur zu verbieten. – Man stelle sich vor, man sitzt im Auto, fährt, und der Beifahrer brüllt: „Nein!" Und? Weißt man damit, was man falsch gemacht und was er gewollt hat?

Aussage: „Antiautoritäre Erziehung hat schon bei Kindern nicht funktioniert."
Antwort: Gewaltfrei mit Tieren zu arbeiten bedeutet nicht, dass es keine Grenzen gibt. Das ist schlicht ein Märchen. Es gibt so viele gut widerlegbare Vorurteile gegen gewaltfreies Training. Wer gewaltfrei mit Tieren arbeiten möchte, findet dafür Wege und Trainer*innen. Wer nicht möchte, findet Gründe, warum das angeblich nicht funktionieren kann.
All diese Aussagen machen deutlich, dass sich deren Urheber*innen noch nicht mit gewaltfreiem Training beschäftigt haben und an den „funktionierenden" Erziehungsmethoden festhalten möchten. Kenne ich, kann ich verstehen, denn mir ging es genauso. Machen wir uns nichts vor, die meisten von uns sind gesellschaftlich so geprägt, dass Missverhalten unangenehme Konsequenzen hat. Schon in der Schule wird vornehmlich auf Fehler geachtet, und diese werden „korrigiert". Es ist also ein uns zutiefst vertrautes Modell in vielen Bereichen des Lebens.

Vermenschlichung?

An dieser Stelle des Artikels wird es wieder Leser*innen geben, die mir die Vermenschlichung von Hunden vorwerfen. Doch Säugetiergehirne sind sich sehr ähnlich, und unser Lernverhalten ist gleich. Wenn ich menschliche Beispiele nutze, dann tue ich das, weil diese Vergleiche für die meisten Hundehalter*innen viel greifbarer sind, weil sie eventuell Ähnliches erlebt haben.
Wenn ich einen Hund habe, und ein bestimmtes seiner Verhalten stört mich, dass er zum Beispiel beim Alleinbleiben jault und bellt, dann sehen viele Menschen an diesem Punkt ausschließlich ihr eigenes Problem damit. Der Hund jault, die Nachbarn werden sich beschweren, der Vermieter wird anrufen, wir könnten die Wohnung verlieren – alles das geht den Menschen dann vielleicht durch den Kopf. Die schnelle Lösung für das Problem ist gefragt, und es gibt leider nicht wenige Menschen, die dann zu einem Antibellhalsband greifen, um das Problem zu beseitigen. Ich fühle mit diesen Menschen, aber es zerreißt mich, wenn ich die Seite des Hundes betrachte – der nicht gelernt hat, entspannt allein zu Hause zu bleiben und seinem Trennungsstress durch verzweifelte Lautäußerungen Luft macht. Dieser Hund, den sich Menschen zugelegt haben, weil sie einen besten Freund wollten, bekommt jetzt ein Antibellhalsband um und wird allein gelassen. Äußert er nun seine Angst laut, wird er durch Sprühstöße mit Druckluft bestraft. Das Ergebnis mag sein, dass die Nachbarn sich nicht mehr beschweren, denn vom Hund ist nichts mehr zu hören. Das Problem ist für den Menschen gelöst, doch das Problem des Hundes ist ungleich größer geworden. Er kann immer noch nicht entspannt allein bleiben, doch nun weiß er: Kummer und Angst laut zu äußern ist gefährlich.
Ich bin mir sicher, dass auch die Hundehalter*innen, die ein solches Halsband benutzen, ihren Hund lieben, der Hund ihnen nicht egal ist, sondern sie nur zu wenig wissen. Das müssen wir ändern.
Verhalten einfach zu deckeln ist in diesem speziellen Beispiel lediglich für den Hund ein Problem. Machen wir das Gleiche jedoch bei Aggressionsverhalten, laufen wir Gefahr, uns eine Büchse der Pandora zu basteln, von der wir nicht wissen, wann sie sich öffnet.

Fallbeispiele

Ich hatte einen kleinen Terrier im Training; eigentlich hatten sich die Leute zu einem Trickkurs angemeldet. Im Gespräch erfuhr ich, dass die kleine Hündin ein Problem mit Kindern hatte. Die Besitzerin wohnte gegenüber von einem Kindergarten, und die bisherige Hundetrainerin empfahl, sich mit der Hündin zu den Stoßzeiten vor den Kindergarten zu stellen und immer, wenn die Hündin knurrte, sie fest mit dem Finger in die Seite zu stoßen. Das Verhalten verschlimmerte sich massiv, und am dritten Tag biss der Hund seine Besitzerin so hart, dass sie in die Handchirurgie musste.
Die Hundetrainerin erzählte der Besitzerin, wie maßlos unverschämt und dominant der Hund sei, und sagte, „die müsse man jetzt mal auf links ziehen". Ich bin froh, dass Frauchen mich

anrief und wir das Problem des Hundes anders angehen konnten.
Wenn die Frau einen anderen Hund gehabt hätte als dieses Terriermädchen, hätte es sogar sein können, dass dieses aversive Verhalten gegen den Hund einen vermeintlichen Erfolg gehabt hätte. Ich sage bewusst „vermeintlich“, denn das ist in meinen Augen wirklich gefährlich.
Hätten wir einen Hund gehabt, der auf diese Art des „Trainings“ das Knurren gegen die Kinder eingestellt hätte, dann hätte dieser Hund unter der Oberfläche immer noch ein Riesenproblem mit Kindern. Er hätte nur gelernt, dass man das in Gegenwart von seinem menschlichen Partner besser nicht äußert, denn dann wird dieser äußerst unangenehm. Der Hund hat also in diesem Fall nicht gelernt, dass von Kindern keine Gefahr ausgeht. Er hat keine Vermeidungsstrategie gelernt, wenn er sich unwohl fühlt, sondern wie bei einem Dampfkochtopf pressen wir einen Deckel fest auf das Verhalten.
Für Besitzer*innen scheint das Training aber erfolgreich, weil der Hund nun nicht mehr knurrt. Kommt dieser Hund dann aber irgendwann, durch äußere Umstände, einem Kind zu nahe und die Besitzer*innen sind nicht da, um das Verhalten zu deckeln, kann es zu ernsthaften Bissverletzungen kommen.
Das Terriermädchen kam dann zu mir ins Training. Wir begannen in einem Abstand zu Kindern zu arbeiten, den die Hündin noch erträglich fand, und jedes Mal, wenn Kinder in ihrem Gesichtsfeld auftauchten – geplant, nach Absprache, mit ausreichendem Abstand –, passierte etwas Tolles für die Hündin bei der Besitzerin. Das konnten Leckerchen sein, ein Spiel, die Vergrößerung der Distanz zum Kind. Innerhalb kurzer Zeit konnte selbst die bis dahin recht ungeübte Besitzerin die veränderte Stimmung des Hundes gut wahrnehmen: Tauchte ein Kind auf, suchte der Hund aktiv die Nähe zu Frauchen, in der Erwartung, dass jetzt etwas Tolles kommt. Das war ein Riesenerfolg, der die Lebensqualität von beiden Teampartnern steigerte.
Und auch an dieser Stelle wird jemand sagen: Hach, so ein Terrier, so kleine Fußhupen, die können einem Menschen sowieso nicht wirklich gefährlich werden, aber ein aggressiver großer Hund, das ist ein ganz anderes Kaliber. Da geht es eben nicht nur nett. Abgesehen davon, dass so gut wie jeder Hund für kleine Kinder zu einer Gefahr werden kann, darf das keine Ausrede sein, aversiv mit dem Hund zu arbeiten. Alles, was ich nicht mit einem 78 Kilo schweren Owtscharka-Rüden machen würde, mache ich auch nicht mit einem Chihuahua.

Fallbeispiel Lilly

Für manche Menschen reichen aber Erfolgsstorys mit bissigen Kleinhunden nicht aus. Deswegen darf ich Lilly vorstellen. Lilly ist eine DSH-Mix-Hündin mit einer Einstufung nach § 3 NRW Landeshundegesetz als gefährlicher Hund. Das Gesetz besagt: Gefährliche Hunde im Sinne dieses Gesetzes sind Hunde, deren Gefährlichkeit nach Absatz 2 vermutet wird oder nach Absatz 3 im Einzelfall festgestellt worden ist.
Diese Hündin gehört nicht dem Phänotyp an, der die Einstufung als gefährlicher Hund rechtfertigt. Dass die Einstufung aufgrund von Rassen unsinnig ist, darüber sind sich Fachleute ohnehin einig. Lillys Gefährlichkeit wurde aufgrund ihres Verhaltens und ihrer Historie festgelegt. Diese Einstufung ist ein Dauerverwaltungsakt, der nicht durch eine bestandene Maulkorb- oder Leinenbefreiung wieder rückgängig gemacht werden kann. In den letzten Jahren gab es dazu rechtliche Veränderungen, die Hürden dazu sind allerdings sehr hoch.
Ich begegnete dieser Hündin in einem Tierheim und war sofort verliebt in sie. Das passiert mir nicht häufig, treffe ich doch so viele Hunde. Zu dem Zeitpunkt hatte ich bereits einen verhaltensoriginellen Hund daheim, sie zu mir zu nehmen war also keine Option. Durch einen puren Zufall bekam ich die Möglichkeit, mit ihr zu arbeiten. Die Pflegerin war mit im Boot, und durch das umstrukturierte, positive Training machte Lilly tolle Fortschritte. Wir arbeiteten mit dem Clicker an Hundebegegnungen, und der sonst „explodierende“ Hund machte eine Wandlung durch.
Nach vier Jahren Tierheim fand Lilly ihr Zuhause für immer. Eine junge Frau, die mich gleich anrief, um mit ihrer Lilly bei mir weiterzutrainieren. Ich bin froh und dankbar, dass diese wunderbare Hündin in den richtigen Händen gelandet ist. Ihre Bedürfnisse nach Abstand zu einigen Hunden, nach Kontakt zu anderen Hunden werden wahrgenommen und erfüllt. Heute ist Lilly 13 Jahre alt. Es gab nie wieder einen Beißvorfall mit ihr, sie ist eine großartige Hündin, weil ihr Verhalten nicht gedeckelt, sondern nachhaltig verändert wurde.
Im Zuge dieses Artikels sprach ich mit ihrer Besitzerin. Sie erzählte, dass immer wieder mal Menschen, die Lilly erst heute kennenlernen, ihr erklären, dass positives Training mit so einem netten Hund wie Lilly funktioniert, aber nicht mit wirklich gefährlichen

Hunden. Dass Lilly heute so ein netter Hund ist, liegt an dem großartigen und gewaltfreien Training, das ihre Besitzerin jeden Tag leistet. Trotz mittlerweile mehrfach bestandenen Leinen- und Maulkorbbefreiungen ist Lilly nach wie vor per Gesetz ein gefährlicher Hund. Man sieht es heute nicht mehr, also ein voller Erfolg.

Fazit

Abschließen möchte ich mit einem Zitat der sehr geschätzten Ute Blaschke-Bertholt: „Wer behauptet, dass dieses oder jenes Verhalten nur über Strafe zu erreichen ist, sagt nichts über den Hund, sondern erst mal nur was über seine eigenen Fähigkeiten aus.“

MANUELA **ZAITZ …**

… hat sich auf Trickdogging, Discdogging, Beschäftigung und Clickertraining spezialisiert. Sie leitet die Trickschule für Hunde in Moers und ist als Autorin und Seminarleiterin aktiv und durch viele TV-Auftritte und Vorführungen bekannt. Im Cadmos Verlag sind ihre beiden Bücher „Trickschule für Hunde“ und „Neues aus der Trickschule für Hunde“, die Neuauflage „Die große Trickkiste für Hunde“ sowie die dazu passenden DVDs erschienen. Im Training liegt ihr am Herzen, dass die Hunde freudig auf der Basis positiver Verstärkung in einer stressfreien, entspannten Lernsituation lernen.

www.hunde-spiele.de

(Foto: M. Zaitz)

GELEGENHEIT MACHT … DAS TRAINING KAPUTT

(Foto: shutterstock.com/alexei_tm)

MANAGE-MENT

Training funktioniert nur, wenn du auch wirklich trainieren kannst und nicht ständig Notfallsituationen bewältigen musst. „Management“ hilft dir dabei, Gelegenheiten für unerwünschtes Verhalten zu minimieren und einen sicheren Raum für dein Training zu schaffen, damit du mit deinem Hund schnell und ohne nervende Ausreißer ans Ziel kommst.

VON SONJA MEIBURG

Gestern früh bei meiner Joggingrunde kam mir ein Mann entgegen, der einen Dalmatiner an einer Flexileine führte. Als er sah, dass ich mich näherte, nahm er die Flexileine kürzer. Oder er versuchte es zumindest. Kennst du dieses Geräusch, das entsteht, wenn jemand die Flexileine kürzer fasst? „Hrrrrrt – kchchchch, hrrrrrt-kchchchch.“ Ja, genauso, wie du das gerade im Ohr hast. Dabei geht der Arm ganz weit nach vorn, um die Leine aufzunehmen – „hrrrrrt“ –, dann wird die Leine arretiert, während der Hund herangezogen wird: „Kchchchchch“ – das Geräusch bezieht sich sowohl auf die Flexibremse als auch auf den Hund, der durch den Zug an der Leine dezent gewürgt wird. Während ich mich weiter näherte, sah ich, wie der Dalmatiner langsam, aber sicher, sein Gesicht in Richtung „Boah, die pack ich mir!“ verzog, und hinter dem Würgen hörte man immer lauter ein tiefes Knurren. Okay, der meinte es ernst, und Herrchen hatte einen guten Grund, den Hund zu sich heranzuziehen. Ich grüßte freundlich und machte einen so weit wie möglich gefassten Bogen um das Team, ohne mit meinen Laufschuhen im tiefen Acker zu versinken. Herrchen allerdings blieb mitten auf dem Weg stehen, was mein Ausweichen erheblich erschwerte. Und das, obwohl hinter ihm ein großer, gut gepflegter Wiesenstreifen lag.

Als ich auf Höhe des Dalmatiners vorsichtig vorbeilief, sprang der laut kreischend in die Leine, zog Herrchen einen guten Meter mit sich und verfehlte meine Unterschenkel nur um wenige Zentimeter.

„Mann! Halten Sie doch mehr Abstand!“, motzte ich Herrchen erschrocken an.

„Ja, wo soll ich denn hin?“, schimpfte der zurück.

Da war ich etwas sprachlos, angesichts der offensichtlichen Tatsache, dass hinter ihm abseits des Weges nun wirklich genügend Platz zum Ausweichen gewesen wäre.

Wer an einem Begegnungsproblem trainiert, sollte Spaziergänge so managen, dass es nicht zu unerwarteten Hundebegegnungen kommen kann. (Foto: shutterstock.com/Rushay)

Das Ende der Geschichte: Ich kam mit bis zu den Knien verschlammten, aber wenigstens heilen Unterschenkeln nach Hause, und der Dalmatiner hatte gelernt – vermutlich erneut –, dass Joggerinnen doof sind und am besten gefressen gehören.

Wie funktioniert Management?

Diese Situation hätte sich sehr leicht durch Management verhindern oder sogar in eine erfolgreiche Trainingssituation verwandeln lassen, nach der wir alle drei lächelnd nach Hause hätten gehen können. Hätte, hätte, Fahrradkette.

„Management" bedeutet, dass du Maßnahmen ergreifst, um äußere Umstände so zu verändern, dass dein Hund ein Verhalten, das du nicht so toll findest, nicht mehr zeigt.

Zum Beispiel könntest du, wenn dein Hund Begegnungsprobleme hat, vorübergehend nur dort spazieren gehen, wo du keine anderen Hunde triffst. Oder du könntest, wenn er ständig bellt, sobald es an der Tür klingelt, vorübergehend die Türklingellautstärke runterregeln oder die Klingel gleich ganz ausstellen. Wenn dein Hund zu jenen gehört, die alles fressen, was draußen herumliegt, könntest du dort spazieren gehen, wo du gut überblicken kannst, was am Boden liegt, also auf Asphalt zum Beispiel und weniger im Wald. Oder du könntest, wenn er jagt, eine Schleppleine an sein Brustgeschirr hängen und sogar einen Ruckdämpfer verwenden, damit er dich nicht von den Beinen holt. Oder du könntest deinem Hund einen Maulkorb aufziehen und ihn anleinen, wenn

du dir nicht sicher bist, wie er auf Spaziergänger reagiert. Oder du könntest, wenn er Joggerinnen zum Fressen gern hat und du eine Joggerin kommen siehst, so weit ausweichen, dass dein Hund die Joggerin entweder nicht mehr sieht oder der Abstand groß genug ist, dass er sie sieht und nicht mehr bellt. Hey, in diesem Moment könntest du sogar trainieren.
Jetzt denkst du vielleicht: „Management ist also nichts anderes, als dass ich bestimmte Situationen vermeide, damit mein Hund sich nicht benimmt, wie er sich in solchen sonst immer benimmt. Aber warum sollte ich solche Situationen vermeiden? Dadurch löse ich mein Problem nicht. Dafür muss ich doch trainieren!"
Und du hast recht: Management ist kein Training! Management ebnet aber den Weg für dein Training.

Rückschritte verhindern

Stell dir vor, du übst fleißig den Rückruf mit deinem Hund. Auf dem Hundeplatz und im Garten klappt das auch schon ganz gut. Abends im Wald lässt du ihn von der Leine, damit er sich mal richtig austoben kann, und er jagt leinenlos nun munter alle Rehlein, die ihm vor die Nase kommen. Du rufst und rufst, und er kommt nicht zurück, obwohl das auf dem Hundeplatz so gut geklappt hat. Was genau ist dann von deinem Rückruftraining übrig geblieben?
Oder du übst motiviert die Begegnung mit anderen Hunden. Dafür bestellt deine Trainerin regelmäßig Teams auf den Hundeplatz, an die ihr euch mit großem Erfolg heranarbeitet. Und dann gehst du nachmittags dort spazieren, wo dir ständig unangeleinte Vierbeiner begegnen, die deinen Hund einfach überrennen, anknurren oder anbellen, bis er verzweifelt in der Leine hängt und versucht, die Artgenossen durch Gebell auf Distanz zu halten. Was, glaubst du, hat dein Hund dann gelernt?
Oder du übst, dass dein Hund, wenn er die Türklingel hört, auf seinen Platz geht und dort kurz wartet. Aber wenn deine Kinder nachmittags Besuch bekommen, klingelt es ständig, aber du hast keinen Nerv, jedes Mal zu trainieren. Daher bellt dein Hund dann halt immer wieder. Was glaubst du, wie schnell beziehungsweise weniger schnell er lernt, sich auf seinen Platz zu begeben, wenn es klingelt?
Ein Klassiker: „Das Training funktioniert nicht. Mein Hund keift immer noch andere Hunde an." Mittlerweile lasse ich in solchen Fällen gern eine Liste führen. Wie viele Begegnungssituationen verlaufen kontrolliert so, dass das Team gut üben kann und die Situation erfolgreich gemeistert wird? Und wie viele Situationen verlaufen unkontrolliert, weil plötzlich und unerwartet auf der vielfrequentierten Gassistrecke ein freilaufender Hund so nah herankommt, dass deiner sich wieder lautstark Distanz verschaffen muss und Hund und Halter*in gefrustet nach Hause gehen? Konnte ja keiner ahnen, dass an diesem Montag um diese Zeit genauso viele Menschen mit ihren Hunden auf dieser Gassistrecke unterwegs sind wie auch sonst jeden Montag um diese Zeit auf dieser Strecke. Wenn das Verhältnis von guten Hundebegegnungen zu unguten Hundebegegnungen etwa eins zu neun beträgt, kannst du dir vorstellen, wie erfolgreich (oder besser: wie wenig erfolgreich) das Training verläuft. Wenn du durch vorausschauendes Spazierengehen das Verhältnis umkehren kannst, sodass du neun kontrollierte, erfolgreiche Hundebegegnungen hast und ab und an mal einen einzigen Ausreißer, kannst du dir vorstellen, dass das Training besser, schneller und nachhaltiger funktioniert, oder?

Training optimieren

Trainieren kannst du nur, wenn du unter kontrollierten Bedingungen und mit einem ruhigen, klaren Geist die Übungen, die du gelernt hast, abrufen

Maulkorbtraining

Achte darauf, dass du einen Maulkorb verwendest, mit dem dein Hund bequem hecheln kann. Er sollte so sitzen, dass er weder das Maul zusammenschnürt noch die Augen behindert. Maulschlaufen fallen damit schon mal weg. Nutze eine richtige Korbform, bei der vorn noch etwas Platz zwischen Nase und Korb ist, der gepolstert auf dem Nasenrücken aufliegt und der auch hinter den Ohren bequem sitzt. Stört der Maulkorb deinen Hund oder scheuert er an einigen Stellen, wird dein Hund ihn nicht tragen wollen. Mache es dir also nicht unnötig schwer und suche einen Maulkorb, der gut sitzt.

Schritt 1 – Streichwurst rockt

Schmiere etwas Streichwurst innen in den Maulkorb dorthin, wo die Nase setzt. Halte deinem Hund den Maulkorb einladend hin, aber schiebe ihm den Maulkorb nicht über die Schnauze. Die Kopfriemen bleiben noch ungenutzt. Warte, bis dein Hund von sich aus die Schnauze in den Maulkorb steckt. Halte den Korb einfach nur und drücke ihn nicht gegen die Hundeschnauze. Das gilt für das gesamte Training: Dein Hund soll selbst entscheiden, wie weit er den Kopf in den Maulkorb steckt. Wiederhole diesen ersten Schritt einige Male, bis dein Hund seine Schnauze ohne Zögern in den Maulkorb steckt und die Streichwurst mit Genuss abschleckt.

Schritt 2 – Kopfriemen offen

Schmiere wieder etwas Streichwurst in den Maulkorb und lasse deinen Hund schlecken. Lege nun die einzelnen Kopfriemen locker hinter den Kopf des Hundes, ohne sie zu schließen. Lasse deinen Hund in Ruhe zu Ende schlecken und lege dann den Maulkorb wieder weg. Wenn das klappt, wiederhole das einige Male und gehe dann zum nächsten Schritt über. Achte aber darauf, deinen Hund nicht zu überfordern. Wenn du während des Trainings an einem Punkt merkst, dass er keine Lust mehr hat und ausweicht, mache eine Pause und beginne danach wieder mit dem ersten Schritt.

Mit diesem Maulkorb kann der Hund uneingeschränkt hecheln und problemlos mit Leckerchen gefüttert werden. (Foto: shutterstock.com / Dora Zett)

und durchführen kannst. Es macht keinen Sinn, deinen Hund immer und immer wieder in Situationen reinlaufen zu lassen, mit denen er (noch) nicht umgehen kann, und dann zu hoffen, dass man die Situation irgendwie so übersteht, dass der Hund etwas Gutes daraus gelernt hat. In der Regel lernt er da nichts Gutes. Im Gegenteil. Wenn dein Hund immer und immer wieder das Verhalten zeigt, das dir nicht gefällt, bleiben die entsprechenden Verknüpfungen im Gehirn weiter erhalten und werden auch immer weiter gestärkt. Mit jeder Wiederholung übt er sein unerwünschtes Verhalten erneut ein. Wäre es nicht sinnvoller, solche Situationen zu vermeiden, bis dein Hund das neue, erwünschte Verhalten so sicher einüben durfte, dass es auch in stressigeren Situationen funktioniert?
Einen weiteren Aspekt beim Management darfst du auch nicht unterschätzen: Wenn du aufregende Situationen, die ihr beide noch nicht meistern könnt, vorübergehend vermeidest, können sich deine Nerven und die deines Hundes einfach mal richtig erholen. Wenn du ein paar Wochen lang

Schritt 3 – Kopfriemen geschlossen

Schließe nun die Kopfriemen, lasse die Riemen aber auf größtmöglicher Stufe. Lege die Riemen von außen über das Oberteil des Maulkorbs, dort wo von innen der Nasenrücken sitzt. Schmiere wieder etwas Streichwurst in den Maulkorb. Während dein Hund schleckt, ziehst du die verschlossenen Kopfriemen mit einer Hand locker über den Kopf, während die andere Hand immer noch den Maulkorb hält. Sobald dein Hund fertig geschleckt hat, ziehst du die Riemen wieder vom Kopf. Achte darauf, seine Ohren nicht einzuquetschen, sondern den Kopfriemen ganz vorsichtig zu platzieren. Stelle mit der Zeit den Riemen nach und nach auf die richtige Größe ein. Je nachdem, was für einen Maulkorb du verwendest, musst du in einem Extraschritt üben, den Maulkorb loszulassen, um die Schnalle hinter dem Kopf zu schließen. Achte dabei auch darauf, dass du deine Hand nach und nach vom Maulkorb löst, damit dein Hund sich daran gewöhnt, das Gewicht des Maulkorbs ohne deine Hilfe auf seiner Schnauze zu tragen.

Schritt 4 – Dauer

Lege einige Leckerchen bereit, die dünn genug sind, damit du sie gut auf Schnauzenhöhe in den Maulkorb stecken kannst. Schmiere wieder Streichwurst in den Maulkorb. Wenn dein Hund seinen Kopf freiwillig in den Korb steckt, um die Streichwurst zu schlecken, legst du den Kopfriemen über den Kopf und greifst nach deinen bereitgestellten Leckerchen. Sobald dein Hund fertiggeschleckt hat, steckst du die Leckerchen in den Maulkorb und lässt deinen Hund sie in Ruhe fressen. Wenn das funktioniert, gibst du die Leckerchen langsamer und in größeren Zeitabständen. Ziel ist es, dass dein Hund den Maulkorb fünf Minuten tragen kann und dabei nicht versucht, ihn sich von der Schnauze zu streifen.

Schritt 5 – Bewegung

Jetzt wird's kritisch. Dein Hund soll mit dem Maulkorb nicht nur stehen oder sitzen, sondern er soll lernen, damit zu gehen. Nutze wieder deine Streichwurst, ziehe deinem Hund den Maulkorb auf und mach dann einen Schritt nach hinten. Während du rückwärtsgehst, lockst du deinen Hund mit einem Leckerchen. Nur einen einzigen Schritt. Sobald dein Hund diesen Minischritt macht, gibst du ihm das Leckerchen durch den Maulkorb und ziehst danach den Maulkorb wieder aus. Wenn dein Hund versucht, den Maulkorb von der Nase zu streifen, war dein Schritt zu groß. Übe sehr kleinschrittig weiter, bis dein Hund mit dem Maulkorb zehn lockere Schritte machen kann.

Schritt 6 – Neues Terrain

Wenn dein Hund den Maulkorb schon locker einige Schritte tragen kann, nimmst du den Maulkorb mit auf den Spaziergang. Ziehe ihn deinem Hund ab und an über (hierbei ist immer noch wichtig, dass dein Hund seinen Kopf in den Maulkorb steckt und nicht du einfach den Maulkorb über die Schnauze stülpst), lasse ihn den Maulkorb für einige Schritte tragen, belohne deinen Hund, während er den Maulkorb noch trägt, und zieh dann den Maulkorb wieder aus. Erhöhe die Dauer des Tragens, bis der Maulkorb für deinen Hund ein ganz selbstverständliches Utensil wird, so wie sein Geschirr oder die Leine. Das mit der Streichwurst kannst du als nettes Einstiegsritual beibehalten oder du verringerst nach und nach die Menge der Streichwurst im Maulkorb.

Ruhe einkehren lässt, kann euer beider System so weit runterfahren und chillen, dass ihr mit neuem Schwung und guter Laune ins Training gehen könnt. Das macht den Einstieg ins Training und die Umsetzung gleich viel leichter und entspannter. Und mit mehr Leichtigkeit ist dein Training ganz sicher erfolgreicher, als wenn du jedes Mal Puls kriegst, weil dein Hund sich wieder benimmt wie offene Hose. Und wo wir schon bei der Entspannung sind: Management macht dein Training sicherer. Wenn du einen Hund hast, der dazu tendiert, nach dir oder anderen zu schnappen oder sogar richtig zuzubeißen, könnte es sein, dass du nicht entspannt in eine Trainingssituation gehst. Es könnte ja wehtun. Wenn du allerdings Sorgen hast, dass du gebissen werden könntest und entsprechend unentspannt bist, sorgt das dafür, dass ein Teil deines Gehirns damit beschäftigt ist, für deine Sicherheit zu sorgen und mögliche Bedrohungen sofort zu erkennen. Das bedeutet, dass du weniger psychische Ressourcen für ein durchdachtes, systematisches Training zur Verfügung hast. Du reagierst vielleicht über oder schätzt Situationen falsch ein.

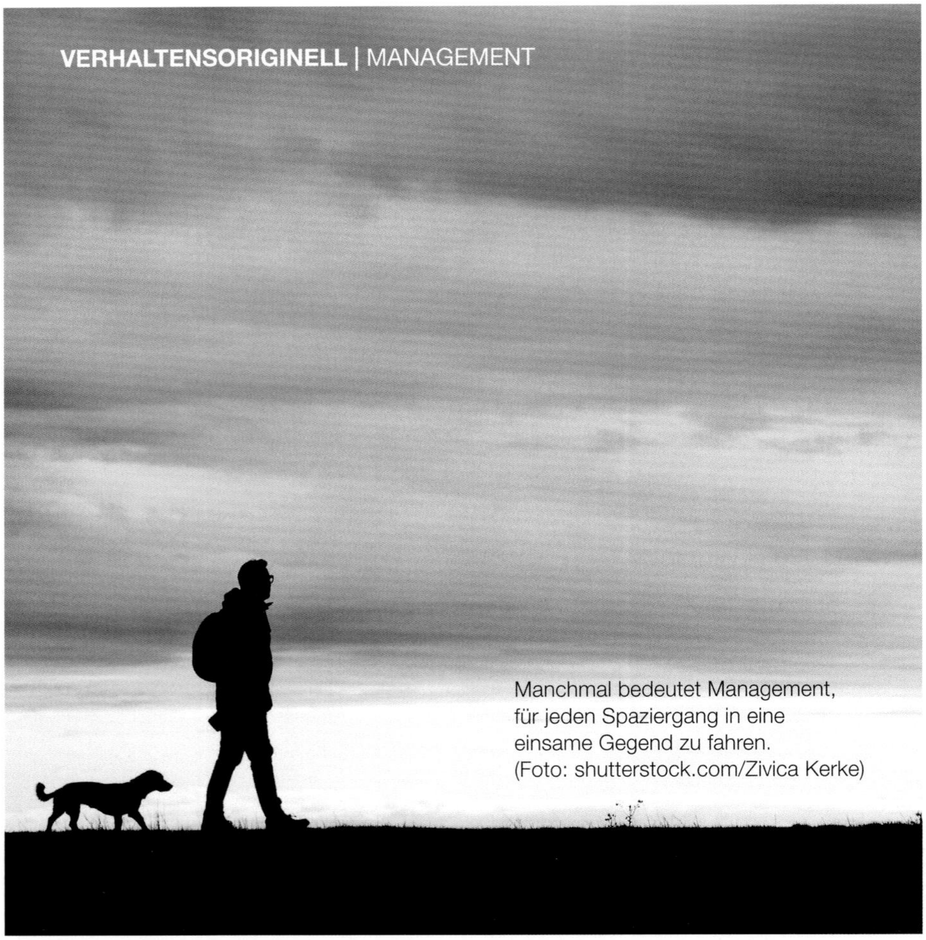

Manchmal bedeutet Management, für jeden Spaziergang in eine einsame Gegend zu fahren. (Foto: shutterstock.com/Zivica Kerke)

In solchen Fällen kann schlicht ein Maulkorb helfen. Wenn du weißt, dass du im schlimmsten Fall einen blauen Fleck abkriegst, deine Haut aber heil bleibt, hast du viel mehr Energie für ein sinnvolles Training übrig. Nein, es ist keine Schande oder Zeichen von Schwäche, deinem Hund einen Maulkorb aufzuziehen. Ein Maulkorb ist eine vernünftige Managementmaßnahme, um Schäden von dir und anderen, zum Beispiel Joggerinnen, abzuwenden für den Fall, dass du mal eine Situation falsch einschätzt.

Aber gerade beim Maulkorb solltest du vorsichtig sein. Ziehst du ihn deinem Hund einfach über, kann es passieren, dass er sich beim Überstreifen gegen dich zur Wehr setzen möchte. Oder er weicht dir aus, wenn du den Maulkorb auch nur in die Hand nimmst. Damit dein Hund – und du – durch diese Maßnahme nicht unnötig gestresst und das eigentliche Training dadurch schwieriger wird, machen hier ein paar spezielle Vorübungen Sinn. Gewöhne deinen Hund in Ruhe an den Maulkorb.

Management ist unbequem

Management ist eigentlich keine schwierige Sache. Für viele Situationen reicht es aus, die Gassistrecke sorgfältig auszuwählen oder den Hund anzuleinen. Ich habe mich schon oft gefragt, warum so ganz simple Sicherheitsvorkehrungen von so vielen Menschen einfach ignoriert werden. Den meisten Leuten ist es nicht egal, wenn ihr Hund ein Reh hetzt oder einer Joggerin ins Bein hackt. Warum ist es so schwer, darauf zu achten, dass solche Situationen nicht entstehen? Nach vielen Gesprächen mit Hundehalter*innen glaube ich, dass ich der Lösung auf der Spur bin: Management ist unbequem! Wenn du und dein Hund eine neue Gassistrecke sucht und du dafür vielleicht sogar ein Stück mit dem Auto fahren musst, dann kostet das Zeit, und vielleicht ist die neue Gassistrecke nicht so schön wie die, die du vorher gegangen bist. Einen Maulkorb musst du erst antrainieren. Und wenn du deinen Hund an die Leine nimmst, weil er nicht auf dein Rufen reagiert, könnte es sein, dass er an der Leine zieht und dass du dann zunächst einmal Leinenführigkeit üben musst, die du bisher unter den Tisch fallen lassen konntest, weil dein Hund ja immer ohne Leine draußen herumgelaufen ist.

Management kann also Arbeit machen. Wenn du aber überlegst, was du damit gewinnst und dass du durch dein Training das Management auf Dauer überflüssig machen sollst, dann ist es sinnvoll, wenn du für einige Zeit Unbequemlichkeiten in Kauf nimmst, statt dich immer wieder über deinen Hund zu ärgern oder sogar deine Umwelt zu gefährden.

Außerdem kann Management deinen Hund auch frusten. Wenn dein Hund bisher munter den Häschen hinterherspringen durfte, ist er verständlicherweise not amused, wenn jetzt zu Trainingszwecken erst einmal eine Schleppleine an seinem Geschirr hängt. Um deine und seine Nerven zu schonen, solltest du dir zusätzlich zum Management einige Maßnahmen überlegen, die den Frust ein wenig mildern können. Kannst du deinen Hund, wenn er an der Schleppleine ist, sinnvoll beschäftigen? Zum Beispiel mit Suchspielen? Oder kannst du, wenn dein Hund andere Hunde liebt, aber immer jagen geht, sobald er ohne Leine ist, Spieldates mit seinen Kumpeln auf gesichertem Gelände organi-

sieren? Kannst du deinem Hund ab und zu den ungeliebten Maulkorb aufziehen und dann geliebtes Tricktraining mit ganz vielen, besonders guten Leckerchen machen?
So minderst du Frust und kannst Management sogar zu einem richtigen Happening machen.

Management statt Training

Management ist kein Training – Management ermöglicht Training. Es gibt allerdings Situationen, in denen Management dein Training komplett ersetzen kann. Vor allem dann, wenn es sich um Situationen handelt, die nur gelegentlich vorkommen und die einfach zu lösen sind.
Wenn dein Hund zum Beispiel Handwerker*innen blöde findet, kannst du das natürlich trainieren, indem du regelmäßig handwerklich begeisterten Besuch empfängst. Du könntest aber auch für die ein, zwei Handwerksbesuche im Jahr eine Kuschelecke in einem separaten Zimmer für deinen Hund einrichten, in der er das beste Kauzeug erhält und in der er sich völlig wohl und sicher fühlt. Musik an, um die Geräusche von außen etwas zu dämpfen, und fertig ist die Laube. Du sparst dir aufwendiges Training, und die Handwerker*innen haben keinen laut bellenden Hund an der Backe.
Oder was das Türklingeltraining angeht: Es soll Leute geben, die die plötzliche Stille ohne Türklingel sehr genießen und das einfach so beibehalten. Besuch kann sich ja vorher telefonisch ankündigen. Das geht natürlich nicht in jeder Wohnsituation, aber wenn es möglich ist, kann eine abgestellte Türklingel nicht nur die Nerven der Hunde, sondern auch die eigenen Nerven sehr schonen.

Fazit

Zum Abschluss bleibt zu sagen, dass Management niemals unterschätzt werden sollte. Je weniger dein Hund Gelegenheit erhält, unerwünschte Verhaltensweisen einzuüben, umso schneller und reibungsloser verläuft dein Training. Lässt du das Management einfach schleifen und machst genau so weiter wie bisher, kann es gut sein, dass du trainierst wie verrückt, dass sich das Verhalten deines Hundes aber nicht nachhaltig verändert, weil er immer noch häufig genauso reagieren muss wie gewohnt. Wenn du dir dein Training also nicht sabotieren willst, gib deinem Hund nicht die Gelegenheit, sich unerwünscht zu benehmen. Fang an mit Management! Es lohnt sich!

SONJA **MEIBURG ...**

(Foto: Archiv Meiburg)

... ist seit vielen Jahren Hundetrainerin und gibt seit 2006 ihr Wissen in ihrer eigenen Hundeschule und seit 2016 auch online weiter. Als langjährige Clickertrainerin hat sie bei vielen nationalen und internationalen Lehrern gelernt. Dabei setzt sie den Clicker nicht nur zum Grundgehorsam und für Tricks ein, sondern auch im Hundesport und in der Verhaltenstherapie. Sonja Meiburg ist Mitglied der ersten Stunde von „Trainieren statt dominieren“ und Initiatorin der Aktion „Tausche Stachelhalsband gegen Training“. Ihr Buch „Anti-Giftköder-Training“ ist im Cadmos Verlag erschienen, „Raketenstart Rückruf“ bei Canimos und neu „Lass das!“ bei Kosmos.

www.hey-fiffy.de und **www.hundeschule-holledau.de**

Alina und Doris sind heute glückliche Hunde und unterstützen die Aktion „Gulahund" durch das Tragen der gelben Schleife. (Foto: A. Rochelt)

VERHALTENSORIGINELLE

Als den friedlichen Weg gehende Hundetrainerin und als Leiterin einer „Ganzheitlichen Bildungs-Werkstatt" steht für mich die Frage, wie Gewaltfreiheit in einem ganzheitlichen Rahmen gelebt werden kann, im Mittelpunkt meines Wirkens. Ganz bewusst habe ich mir dafür besondere Herausforderungen gesucht, was unter anderem dazu führte, dass ich zwei sehr schwierige Straßenhunde aus Rumänien bei uns im Haus aufgenommen habe.

VON ANKE ROCHELT

HUNDE **ALS LIEBESTEST**

Zu bestmöglicher Orientierung für die Leser beschreibe ich im Folgenden erst mal mein allgemeines Methodenkonzept, wie es sich insgesamt aus meiner langjährigen Praxis – und aus dem Lernen von meinen beiden „Rumäninnen" – entwickelt hat. Dieses Methodenkonzept weitet sich am Ende in eine für viele Leser wahrscheinlich etwas ungewöhnliche „Ganzheitlichkeitsdimension", und besonders mit Blick auf diese ungewöhnliche Dimension bringe ich dann zur Veranschaulichung noch ein paar Sätze Erlebnisbericht aus meiner Zeit mit den Rumäninnen.

Methoden auf dem Weg zur Ganzheit

Denken prägt Sprechen und Handeln

Schon wie wir über die Dinge und Wesen um uns herum denken und sprechen, prägt unser Verhältnis und unseren Umgang mit ihnen. Bekannt ist vielleicht der Spruch: „Achte auf dein Denken, es prägt dein Sprechen, und dein Sprechen prägt dein Handeln, und dein Handeln wird dein Schicksal." Deshalb empfinde ich den Begriff „verhaltensoriginelle Hunde" als einen viel schöneren Ausdruck im Vergleich zu abwertenden Bezeichnungen wie „verhaltensgestörte" Hunde oder gar „Arschlochhunde", wie sie von manchen Hundehaltern und sogar Hundetrainern genannt werden.

Verhaltensoriginelle Hunde

Gemeint sind Hunde, die irgendwie „anders" sind, aus der „Norm" fallend beziehungsweise „verhaltensauffällig". Zum Beispiel Hunde, die übermäßiges Aggressionsverhalten zeigen oder übermäßig ängstlich sind oder beides. Weiter gefasst können auch gehandicapte Tiere oder (chronisch) kranke Tiere darunterfallen, zum Beispiel wegen Blindheit oder Demenz.

Folgen für Mensch-Hund-Beziehung

Wenn wir möglichst systemisch und ganzheitlich an das Thema herangehen, bedeutet das, dass es nicht nur darum geht, „technische Methoden" zu finden, wodurch der Hund wieder „richtig funktionieren" würde. Wir haben es vielmehr mit einem „Beziehungsproblem" zwischen hochentwickelten Lebewesen zu tun, mit allen dazugehörigen Facetten, von denen ich im Folgenden einige herausgreifen werde.

Trainingsmöglichkeiten und Grenzen

Viele Hundehalter fühlen sich zu bestimmten Zeiten und Entwicklungsphasen ihres Hundes (und zwar nicht nur handicap- oder krankheitsbedingt) an ihre Grenzen kommend, so zum Beispiel in der Pubertätsphase ihres Hundes. Die meisten Alltagsprobleme in einer solchen Phase lassen sich durch sinnvolle Situationsgestaltung und Training lösen. Oft ist die „verhaltensoriginelle Phase" eines Hundes auch gar nicht so lang beziehungsweise gravierend, da proaktives Training schon viele Möglichkeiten bietet, vom Menschen erwünschtes Verhalten des Hundes zu ermöglichen, zu formen, zu bestärken und zu festigen. Auch Hunde mit Vorgeschichte, zum Beispiel Tierschutzhunde, Hunde mit schlechten oder fehlenden Prägungsfaktoren in früher Kindheit, Hunde mit tiefen Traumata, sind durch ganzheitliches und gewaltfreies kleinschrittiges Training gut zu erwünschtem entspanntem Verhalten hinzuführen und darin stabil zu halten.

Allerdings, so wie auch das Training beziehungsweise die Therapie von verhaltensoriginellen Kindern, Jugendlichen, erwachsenen und älteren Menschen in einigen Fällen auf Grenzen stößt, so ist es mit verhaltensoriginellen Hunden ganz genauso. Bei Menschen wird dann gern von „Systemsprengern" gesprochen, und bei Menschen und Hunden wird gleichermaßen das Attribut „austherapiert" verwendet. Natürlich funktioniert es bei einigen austherapierten Hunden, noch mehr Erfolge als zunächst gedacht zu erzielen. Mit Erfolgen ist gemeint, weitere Ziel- oder Ankerpunkte zu erreichen, die dem Wohl des Hundes dienen. Es geht nicht darum, Verhaltensoriginalität komplett abzustellen, was unter Umständen gar nicht der Persönlichkeit des Hundes entsprechen würde, und er müsste wie eine Marionette oder Maschine Verhalten abspulen, nur um der Norm und Unauffälligkeitskriterien zu entsprechen. Es geht darum, dass der Hund ein möglichst glückliches und gesundes Leben führen kann, unter Berücksichtigung seiner arteigenen Bedürfnisse als Hund und andererseits als Individuum.

Innenwirkung

Mit einem verhaltensoriginellen Hund unterwegs zu sein bedeutet, ab und zu beziehungsweise öfter „aufzufallen". Das löst unterschiedliche Gefühle in uns Menschen aus: Ärger, Wut, Scham, Hilflosigkeit, Peinlichkeit, Ohnmacht, Hilflosigkeit. Je nach Individuum kann es mehr oder weniger dieser Gefühle auslösen. Bei einigen Menschen kommen auch noch Schuld-, Verdrängungs- und Abwehrgefühle dazu. Aber eigentlich bietet der Hund oder die Situation mit dem Hund einem Menschen dann die wertvolle Gelegenheit, sein Innenleben so zu organisieren, dass er eine gute innere Balance hat: Was sind meine Lebensorientierung, meine Werte, mein Plan? Was soll dazugehören? Wozu will ich stehen, und was will ich nicht?

Reaktionen von außen

Begegnung mit oder beobachtet werden durch andere Menschen kann mit Reaktionen der Umstehenden einhergehen. Darunter können beispielsweise „gute Ratschläge", Vorwürfe, Beschimpfungen, Beleidigungen sein. Eine gute Balance zwischen Aufgeschlossenheit und Selbstsicherheit ist nötig. Es ist sinnvoll, liebevoll zu kommunizieren und gegebenenfalls das Gespräch mit involvierten Menschen zu suchen, am besten in entspannter Atmosphäre und möglicherweise ohne Hund.

Training im Alltag und Alltagsmanagement

Zum Basistraining mit einem verhaltensoriginellen Hund gehört zunächst eine ausführliche Anamnese mit einem verhaltenstherapeutisch und lernpsychologisch gewaltfrei arbeitenden Hundetrainer. Dazu sollte auch gehören, den Hund bei einem Tierarzt vorzustellen, um mögliche körperliche Ursachen für die Verhaltensauffälligkeiten abzuklären und ausschließen zu können. Wenn körperliche Ursachen festgestellt

Mit Sicherheitsgeschirr und GPS-Tracker unterwegs. (Foto: A. Rochelt)

werden, begleitet natürlich die tierärztliche Behandlung die verhaltenstherapeutischen Trainingsmaßnahmen. Gemäß der Anamnese und Erörterung der Ziele und Möglichkeiten erstellt der Hundetrainer in enger Kooperation mit dem Hundehalter einen Trainingsplan. Bei jedem Treffen zwischen Halter und Trainer wird geschaut, ob die Trainingsziele umgesetzt werden konnten.

Sicherheit – oberste Priorität

Bei allen Übungen und rund um die Uhr im Alltag stellt Sicherheit für den Hund und für alle beteiligten Lebewesen die höchste Priorität dar. Beispielsweise sollten Angsthunde immer gut genug gesichert sein. Dazu gehört ein Sicherheitsgeschirr für den Hund, und die Hundeleine sollte nicht nur am Hund, sondern auch am Halter befestigt werden, damit auch einem plötzlichen Leine-aus-der-Hand-Fallen vorgebeugt werden kann. Zusätzlich ist ein GPS-Tracker für den Hund empfehlenswert, sodass – sollte doch mal etwas passieren, zum Beispiel die Leine reißen oder der Karabiner kaputtgehen – der Hund ortbar ist; entsprechende Tracking-Apps gibt es für das Handy.

Für Hunde, die übermäßiges Aggressionsverhalten zeigen, empfehlen wir entspannte Abstände zu ihren Triggerpunkten. Auch wenn das Üben der Gelassenheit in den Triggersituationen schon gut klappt, ist es für bestimmte Orte beziehungsweise Übungssituationen empfehlenswert, mit Maulkorb zu arbeiten. Dies beinhaltet zunächst das Training der Gewöhnung an den Maulkorb beziehungsweise das Tragen des Maulkorbs in entspannten Situationen. Auch für dieses Thema gibt es kleinschrittige Übungsmöglichkeiten. Hunde mit Maulkorb sollten nicht stigmatisiert werden, dafür setzt sich unter anderem die Aktion „Maulkorb drauf" ein. Es wäre schön, wenn auch in breiteren Kreisen der Bevölkerung, also nicht nur bei anderen Hundehaltern, mögliche Vorurteile gegenüber Maulkorb tragenden Hunden abgebaut werden könnten.

Zur Unterstützung des Trainings beziehungsweise des Spazierengehens gibt es auch die Aktion „Gulahund – Gelber Hund". Was bedeutet, dass durch gelbe Schleifen oder Halstücher am Hund signalisiert wird: „Unser Hund braucht Abstand, bitte!" – ob wegen Verhaltensoriginalität oder aus anderen Gründen. Ganz wichtig bei alledem: Feine, proaktive Kommunikation zwischen den Menschen kann sehr zur Achtung der Bedürfnisse und zum Wohlbefinden aller Beteiligten beitragen.

„Austherapiert" – oder noch nicht

Immer wieder erreichen Therapeuten mit ihren Methoden letzte Grenzen. Oft sind die Methoden leider ziemlich begrenzt funktional ausgerichtet auf ein Konsumbedürfnis, und zwar, dass für den Hundehalter Situationen in aus seiner Sicht zumutbarer Weise handelbar werden.

Zum Teil kommen glücklicherweise immer mehr fortschrittliche Einsichten mit ins Spiel, wie jene, dass der Hund nicht wie ein (materieller) Gebrauchsgegenstand behandelt werden darf und dass ein so hochentwickeltes Lebewesen für sein ausgeglichenes Wohlfühlen auch feinstoffliche und atmosphärische

Die wunderbare Pepels mit ihrem bequemen Maulkorb, der auch ein extra angefertiges Nasenpolster hat. (Foto: A. Rochelt)

Hilfsmittel brauchen kann: angenehme Geräusche, Gerüche und so weiter. Damit stößt man allerdings zum Teil an Grenzen bezüglich der Frage, was bislang wissenschaftlich schon erforscht und bestätigt ist oder nicht. Dass Lärmreduzierung wohltuend wirken kann, ist eindeutig. Die Therapie mithilfe sanfter Musik, was für einige (Human-)Zielgruppen mittlerweile auch wissenschaftlich gesicherte Evidenz hinsichtlich ihrer positiven Wirkung bietet, habe ich bei der Tagesgestaltung für verhaltensoriginelle Hunde – auch im Sinne eines achtsamen Enrichments – ebenso als förderlich erlebt. Die Wirkung von Duftstoffen (Aromatherapie) erscheint manchen Menschen etwas dubios, während die Wirkung von biologischen Wirkstoffen wie Pheromonen etc. wissenschaftlich bereits bestätigt ist. Klar ist, dass die Wirklichkeit, insbesondere die lebendige Wirklichkeit, immer schon mehr und weiter ist als das, was der Wissenschaft „hinterherzuforschen gelingt". Vorsichtiges Experimentieren kann also lebensgerecht sein. Und damit komme ich zu einem im Sinne der Ganzheitlichkeit noch mitzubedenkenden Bereich, der meines Erachtens auf jeden Fall noch unzureichend berücksichtigt wird, nämlich zur geistigen und sozialen Gesamtatmosphäre.

Wirkung der Gesamtlebensatmosphäre

Allseits klar ist, dass Gruppenerleben unter Artgenossen für einen Hund, gerade wenn er Probleme hat, sehr hilfreich und ausgleichend wirken kann. Ich arbeite deshalb viel mit dem kleinen Rudel meiner eigenen Hunde (übrigens auch Katzen im Haus und einen Garten mit erlebbaren anderen Tieren) und auch mit „Social Walks", um solche Effekte zu aktivieren.

Unter fortschrittlichen Hundetrainern wächst nach meiner Wahrnehmung die Einsicht, dass bei Schwierigkeiten mit Hunden „das Problem (meist) am anderen Ende der Leine liegt". Gemeint ist der Mensch und dass es gut ist, wenn der Mensch (oder die Menschengemeinschaft) sich auch dafür öffnen kann, an sich selbst zu arbeiten.

Ich würde so weit gehen zu sagen, dass eine ausgeglichene Gesamtlebensatmosphäre eine entscheidende Rahmenfunktion hat. Wenn es den Menschen nicht gut geht oder sie Unfrieden und Streit untereinander haben, wird der Hund es mehr oder weniger abbekommen, aufnehmen und spiegeln. Umgekehrt, wenn die Menschen in sich erfüllt ruhen und ein harmonisches Miteinander haben, möglichst ohne belastende „Schatten", wirkt sich das ganzheitlich aus, auch in heilsamer Weise für einen irgendwie belasteten Hund.

Nach meiner Auffassung brauchen wir innere Seelenerfülltheit, Ausgeglichenheit, Frieden und (umfassende) Verantwortlichkeit nicht nur für die Heilung belasteter Hunde, sondern insgesamt für die Heilung der von uns in Existenzgefahr gebrachten großen Gemeinschaft des Lebens in der Welt. Zu erklären, mit welchen Methoden eine solche erfüllende Ganzheitlichkeit verwirklicht werden kann (ich nenne nur als Stichworte: „Erspüren der eigenen Seele“, innere „Licht-Liebes-Arbeit“, „Organisches Denken“, „Gewaltfreie Kommunikations- und Konfliktkultur“ – innerhalb und zwischen den Arten), würde hier den Rahmen sprengen. Ich verweise dafür – auch bezüglich zum Teil bereits vorhandener wissenschaftlicher Anerkennung solcher Ansätze – auf mein wissenschaftliches Fachbuch „Bildung für ganzheitliche Nachhaltigkeit bzw. globale Verantwortung. Globale Identifikation statt Bruchstücksdenken oder Vergeltung“, kostenlos downloadbar auf lilitopia.de, unter „Veröffentlichungen“.

Veranschaulichung mit „meinen“ Hunden

Ich habe viel durch schwierige beziehungsweise verhaltensoriginelle Hunde gelernt und habe mir wie gesagt zwei als besonders anspruchsvoll dargestellte Straßenhunde aus Rumänien in meine Hausgemeinschaft beziehungsweise alternative Lebewesenfamilie hereingeholt.

Der eine Hund, Doris, galt als sehr unangenehm und bissig, und wir haben das Problem bis heute nicht ganz auffangen können, haben aber einen spürbaren Beruhigungseffekt erreicht. In Verbindung damit, dass sich bei Doris da, wo sie einen Vertrauensbezug zu Menschen entwickelt, ein weit überdurchschnittliches Streichelbedürfnis offenbart, wird sie immer sicherer in der fein abgestuften friedlichen Kommunikation.

Der andere Hund, Alina, galt als so „wild“ und ängstlich (und wenn in die Enge getrieben, auch bedrohlich), dass sie in Rumänien schon Türen durchgebissen hatte, um wieder in die Freiheit entfliehen zu können. Wir brauchten Jahre, in denen wir sie einfach in Ruhe ließen – was eine zum Teil stark verringerte Nutzbarkeit unserer Hundeschulräume mit sich brachte, wo sie sich in einer Ecke verkroch. Für beide Hunde mussten wir ein aufwendiges Bauzaun-Gehege-System in unserem Garten aufbauen fürs Hin-und-her-Schleusen der Tiere. Aber Alina hat sich zu unser aller Riesenüberraschung nach vielen Monaten dann in relativ kurzer Übergangszeit geöffnet und ist mittlerweile ein problemloser Familienhund geworden, kommt zu uns und grunzt freundlich, wenn es ihr gutgeht.

ANKE **ROCHELT …**

… ist Mensch-Hund-Team-Trainerin, Diplompädagogin mit Schwerpunkt auf Tierintegrierte Pädagogik sowie Umwelt- und Naturpädagogik und Friedens- und Konfliktforscherin. Sie ist Gründerin der Ganzheitlichen Bildungs-Werkstatt lilitopia.de und arbeitet hauptberuflich in ihrer Hundeschule Teamwork in Stadtallendorf. Neben umfangreichem Familienhundeprogramm bildet sie Mensch-Hund-Teams für hundeintegrierte Arbeit in pädagogischen und therapeutischen Praxisfeldern aus. In der Mensch-Hund-Kommunikation und auch Mensch-Mensch-Kommunikation ist ihr feiner, friedvoller Umgang miteinander wichtig.

www.hundeschule-teamwork.com und **www.anke-rochelt.de**

(Foto: Nicole Röder)

LEBEN MIT VERHALTENS-ORIGINELLEN HUNDEN

„ICH MACH MIR DIE WELT, WIE SIE MIR GEFÄLLT“

Dieses Zitat kennen selbst Menschen, die noch nie das Pippi-Langstrumpf-Lied gehört haben. Der Unterton ist immer ein positiver, der für eine lebensbejahende, lustig-chaotische Weltsicht steht, in der nichts schwarz-weiß, dafür aber alles umso bunter ist. Dass diese Sicht auf die Dinge im Zusammenleben mit einem „besonderen“ Hund eher aus der Not geboren sein kann, davon möchte ich im Folgenden erzählen.

VON NICOLE RÖDER

Ein Hund der Extreme

Wir schreiben das Jahr 2018. Ein ungewöhnlich warmer Sommer wird flankiert von protestierenden Gelbwesten in Frankreich und dem Gipfeltreffen zweier äußerst spezieller Charaktere. Der eine steht an der Spitze der USA, der andere an der Nordkoreas. Es scheint wieder ein Jahr der Extreme zu werden – vielleicht hätte mich das schon stutzig machen sollen. Denn meine neue Hündin reiht sich perfekt in die Riege der Persönlichkeiten mit extremer Meinung ein. Und mit ihr beginnt für uns ein neues Zeitalter der Hundehaltung.

Bei unserem ersten Zusammentreffen ist sie mir wild bellend über den Tisch der Pflegefamilie ins Gesicht gesprungen. Wir waren beide wohl ziemlich verdattert: ich, weil ich ein solches Verhalten nicht erwartet hatte, die Hündin, weil meine Reaktion nicht wie erwartet ausfiel. Statt mich zurückzuziehen, machte ich gar nichts, und es kam nie wieder zu einem solchen Zusammenprall. Anders ergeht es meinem Mann, der auch nach Jahren noch aus dem Nichts heraus verbellt und gestellt wird, und das, obwohl sie ein Herz und eine Seele sind.

Freilauf ist für Panina nur auf weiten, übersichtlichen Flächen möglich. (Foto: N. Röder)

Panina ist ein Hund, der sich nicht verstellt. Sie ist geradeaus und zeigt, was ihr nicht passt, wie ihre Laune ist und dass sie eine eindeutige Vorstellung vom Leben hat. Die meisten Menschen findet sie überflüssig, und andere Hunde haben sich dem hündischen Knigge entsprechend zu benehmen.

„My home is my castle“ ist wörtlich zu nehmen, und die sinnbildliche Zugbrücke ist stets geschlossen zu halten, damit Eindringlinge draußen bleiben. Bei Spaziergängen gibt es nur eine Richtung: und zwar die, die meine Einwanderin aus einem rumänischen Tierheim vorgibt. Ansonsten lässt sie ihre 21 Kilo einfach auf den Boden fallen, und es erfolgt keine Regung mehr. Auch die Sache mit dem Zuhören ist so ein Ding: Mal ja, mal nein. Mal begeistert, dann wieder völlig desinteressiert. Clickern ist cool – für zwei Minuten, dann rollt sich der Hund einfach im Körbchen zusammen und schläft. Die erste halbe Stunde des Spaziergangs lässt Panina sich mit traurigem Gesichtsausdruck, hinabhängender Rute und völlig unsicherem Blick durch die Gegend ziehen, um dann plötzlich mit hochgekringeltem Schwänzchen und voller Begeisterung über die Felder zu rasen.

Paninas Verhalten war und ist absolut wechselhaft. Manchmal scheint es, als hätte sie eine multiple Persönlichkeit, die immer mal einen anderen Hund an die Oberfläche lässt. Mal wird zum Beispiel die Nase irgendwie länger, das Gesicht schmaler, die Augen schlitziger und die Rute hängt. Dann weiß ich, dass sie nicht auf meine Ansprache reagieren wird, weil alles seltsam und gefährlich auf sie wirkt. Fünf Minuten später ist sie wieder bereit für Spiele und liebenswerten Blödsinn, lässt sich von ihren wenigen menschlichen Freunden bekuscheln und geizt ihrerseits nicht mit Küsschen und Zärtlichkeiten.

Lebensgestaltung

Für Panina haben wir unser Leben deutlich umgestellt und managen, was das Zeug hält. Mit viel Geduld und unendlich vielen Leckereien wurde außerdem Ersatzverhalten trainiert, und ja, es gibt auch Fortschritte. Wo sie früher noch unbedingt über den Zaun wollte, um Passanten dahin zu bellen, wo der Pfeffer wächst, da ist jetzt nur noch ein Kläffer mit anschließendem Durchstarten ins Körbchen zu sehen. Gäste lernen sie gar nicht erst kennen, weil sie schon bei Ankunft eines fremden Autos sofort im Schlafzimmer verschwindet. Man merkt, dass sie eigentlich keinen Stress will, aber auch nicht aus ihrer Haut kann. Bevor es eskaliert, will sie lieber ihre Ruhe. Hört sich einfach an? Ist es nicht!

Wir sind viel unterwegs, und bei Spaziergängen ist das nötige Management nicht immer einfach. Damit Panina sich wohlfühlt, braucht sie Bewegung. Am liebsten mag sie Spaziergänge, die weite Rennstrecken und Passagen voller Rempeleien und Showkämpfe beinhalten. Wenn sie mit ihrer besten Hundefreundin dann Vollgas gibt, ist sie zwar glücklich, rennt aber auch weite Strecken und ist damit außerhalb meines Einflussbereichs. Während meine zweite Hündin absolut sicher und aus jeder Situation heraus abrufbar ist, läuft bei Panina stets ein Film vor meinem inneren Auge ab, was passieren könnte, sollte sie ihr „anderes“ Gesicht zeigen, sie also plötzlich wieder getriggert werden und in ihren Tunnel geraten, weil sie einen Menschen gesehen hat, der irgendein ungutes Gefühl in ihr auslöst. Nach drei Jahren habe ich noch immer nicht das Gefühl, mich ganz auf diesen Hund verlassen zu können beziehungsweise ihn so gut und schnell lesen zu können, dass ich auf

alles eingestellt bin. Diese Erfahrung ist neu für mich, und sie ist nicht schön, aber wir haben uns arrangiert.
Mit ihren Hundefreunden darf sie vorrangig im Spätherbst über Stoppeläcker flitzen – auch wenn wir dafür ein Stück fahren müssen. Hier kann ich sehr weit sehen und das Risiko plötzlich auftauchender Spaziergänger deutlich minimieren. Panina ist so gut wie kaum ein anderer Hund auf die Pfeife konditioniert, und wenn Panina sie selbst ist, funktioniert ihr Rückruf spitze – dennoch steht für mich immer die Angst im Raum, dass sie gleich wieder einfriert, ins Leere starrt und auf nichts mehr reagiert. Und deshalb verfügen wir über ein Arsenal an Schleppleinen verschiedenster Längen – so haben wir unsere Hündin mit ihren Special Effects eher im Griff und können ihr trotzdem eine gewisse Freiheit ermöglichen.
Sogar Reisen und Hotelaufenthalte sind mit Panina möglich. Auch wenn wir uns anfänglich schwer damit taten, unsere hübsche Hündin mit einem „entstellenden" Maulkorb zu sichern, so haben wir uns inzwischen daran gewöhnt und das Positive in diesem tollen Hilfsmittel entdeckt. Denn wenn Panina ihren Maulkorb trägt, halten Menschen bei innerstädtischen Besuchen nun ihrerseits deutlich mehr Abstand zu ihr. Und das führt dazu, dass sowohl Panina als auch wir am anderen Ende der Leine wesentlich entspannter sind. Win-win sozusagen und ein gutes Beispiel dafür, wie man sich die Welt so gestalten kann, dass sie für den eigenen Hund und seine besonderen Attribute passt.
Während Panina in den eigenen vier Wänden der unkomplizierteste, ruhigste und liebenswerteste Hund der Welt ist, wird sie draußen zum angriffslustigen Wüstling, wenn einer ihrer vielen Trigger ansetzt. Welche das im Einzelnen sind, habe ich bis dato nicht vollständig herausfinden können. Viele davon haben wir erkannt und einige positiv umgewandelt. Dennoch besteht unsere Welt aus häufigem Umdrehen, Woanders-Hingehen und aus Straßenseitenwechseln. Für Panina gibt es Stunden mit Kauknochen im Schlafzimmer und nur wenige ausgewählte menschliche Kontakte (die sich teilweise kaum vorstellen können, wie dieser liebenswerte, tolle und lustige Hund auch mal anders sein kann). Unser Leben mit Panina ist so anders, als wir es vorher hatten, und ihre Welt wird von uns so gestaltet, dass sie mehr Buntes als Schwarz-Weißes in sich trägt. Ein Leben ohne unsere Panina Pippilotta kann ich mir nicht mehr vorstellen. Wie langweilig wäre es, müssten wir nicht stets und ständig „Ich mach mir die Welt, widewide wie sie mir gefällt" vor uns hin summen.

NICOLE **RÖDER ...**

... ist Diplompädagogin und beschäftigt sich seit 20 Jahren mit Lehr-/Lernprozessen bei Mensch und Hund. Alltagstaugliches Trick- und Denktraining, kreative Beschäftigung und bindungsfördernde Auslastung sind ihre Schwerpunkte. Das Training über positive Verstärkung gibt sie auch in ihren Büchern weiter, die im Cadmos Verlag erschienen sind. Sie teilt ihr Leben mit ihrem Mann, Tierschutzhündin Panina und ihrer jungen Border-Collie-Hündin EasyPeasy.

www.tierisch-daneben.de

(Foto: shutterstock.com / Aloha Hawaii)

RESILIENZ
BEI HUNDEN

IST PSYCHISCHE WIDERSTANDS-FÄHIGKEIT BEI UNSEREN HUNDEN ANGEBOREN ODER ERLERNBAR?

Das Thema Resilienz ist heute in aller Munde. „Hinfallen, aufstehen, weitermachen" – wer kennt ihn nicht, diesen Spruch, der besagt, dass uns nichts so leicht in die Knie zwingen soll? Und wenn doch, dass es uns nicht brechen soll. Doch inwiefern ist Resilienzfähigkeit auch auf unsere Hunde übertragbar?

VON DANIELA FIEDLER

Schon das Stresserleben der Mutterhündin während der Trächtigkeit und die ersten Wochen beim Züchter haben einen großen Einfluss auf die spätere Resilienzfähigkeit eines Hundes. (Foto: shutterstock.com / Rita Kochmarjova)

Nehmen wir zwei Hunde aus dem osteuropäischen Tierschutz, vermutlich geschlagen und gequält, vielleicht aber auch einfach nicht optimal sozialisiert und aufgewachsen. Beide warten in deutschen Tierheimen auf ein liebevolles Zuhause. Der eine freut sich schwanzwedelnd über jedes potenzielle Herrchen oder Frauchen und springt freudig bellend am Gitter hoch, der andere liegt zusammengerollt in der Ecke seines Zwingers, scheut jeden Blickkontakt und zuckt zusammen, sobald sich ein Mensch ihm nähert. Liegt der Unterschied zwischen beiden in ihrer Resilienzfähigkeit? Und was ist das eigentlich – Resilienz? Ist sie vererbbar, kann man sie erlernen und trainieren? Was hat Stress für eine Bedeutung? Hat Erziehung einen Einfluss auf die Resilienz? Wieso dauert es unterschiedlich lang, ein negatives Ereignis zu verarbeiten? Welchen Stellenwert hat die Bindung zwischen Mensch und Hund? Liegt Resilienz allein am Halter oder doch in der Persönlichkeit des Hundes begründet? Viele Fragen, auf die es gilt, Antworten zu finden.

Resilienz – was ist das eigentlich?

In der Psychologie wird Resilienz als die psychische Widerstandsfähigkeit eines Individuums gegenüber spezifischen Stressoren bezeichnet. Das Wort kommt aus dem lateinischen „resilio" und bedeutet so viel wie abprallen bzw. zurückspringen. Es ist aus der Physik abgeleitet und bezeichnet in der Materialforschung hochelastische Werkstoffe, die nach jeder Verformung wieder ihre ursprüngliche Form annehmen. Der Begriff definiert die Eigenschaft, mit belastenden Situationen umgehen zu können. Allerdings sind zwei Aspekte Voraussetzungen, damit man von Resilienz sprechen kann: Es muss eine belastende Situation bestehen und sie muss erfolgreich bewältigt werden können. Resilienz ist immer variabel auf eine bestimmte Situation bezogen, niemals stabil oder voraussehbar. Sie ist mit Lernerfahrungen verbunden und wirkt sich positiv auf die weitere Entwicklung des Lebewesens aus.

Resilienz – erlernbar oder genetisch?

Resilienz beschreibt die Fähigkeit eines Individuums, auf Stress so zu reagieren, dass es keinen psychischen und körperlichen Schaden nimmt. In einem Artikel der Zeitschrift „Dogs" aus dem Jahr 2014 heißt es: „Stress beginnt im Mutterleib." Ist die Mutterhündin während der Trächtigkeit, kurz vor oder sogar während der Geburtsphase großem Stress ausgesetzt, wird das Stresshormon Cortisol ausgeschüttet. Über die Nabelschnur gelangt es in den Körper des noch ungeborenen Welpen und hinterlässt dort Spuren in der Verhaltensentwicklung. Die Cortisolausschüttung wirkt direkt auf das Stresszentrum des Welpen und entwickelt sich umso stärker und reaktiver, je mehr Cortisol einwirkt. Das Stresszentrum im Gehirn steht in direkter Verbindung zur Nebenniere, in der die Hormone Cortisol, Adrenalin und Noradrenalin produziert werden. Erfahren diese zwei Stresshormonsysteme in der vorgeburtlichen Phase beim Welpen eine erhöhte Ausschüttung von Stresshormonen durch die trächtige Mutterhündin, bleibt er ein Hundeleben lang leichter erregbar als Welpen, deren Mutter keiner erhöhten Stressbelastung ausgesetzt war. Also bringen trächtige Hündinnen, die in liebevoller und stressfreier Umgebung ihre Welpen gebären konnten, allesamt resiliente Hundewelpen hervor? Leider nein, denn in den letzten Jahren werden auch immer mehr Ergebnisse der Epigenetik für die Vererbungslehre herangezogen. Konkrete Forschungsergebnisse, die sich explizit auf den Hund beziehen, gibt es nicht, jedoch spricht nichts gegen eine Übertragbarkeit der Studienergebnisse vom Menschen, da es sich um eine analoge Verhaltensweise bei Hunden handelt.

Epigenetik beschreibt Veränderungen des Erbguts, die sich jedoch nicht auf das DNA-Molekül selbst beziehen, sondern auf das Ablesen der dort hinterlegten Erbinformation. Auch Umwelteinflüsse wie Ernährung, Lebens- und Haltungsweisen können Geninformationen an- und abschalten sowie an die nächste Generation weitergeben. Dadurch bleibt zwar die Information des Gens unverändert erhalten, dessen Aussage ist jetzt aber eine andere. Es wirken sich sowohl epigenetische, genetische als auch umweltbedingte Ursachen, wie die Bewältigung von Aufgaben sowie ein hohes Maß an positiv empfundener Eigenständigkeit, auf die Resilienz eines Hundes aus.

Erste Lebenswochen – die wichtigste Phase?

Wir wissen viel über die ersten Lebenswochen eines Hundes, um gültige Aussagen über Auswirkungen in dieser Zeit auf seine Verhaltensentwicklung zu belegen. Neben genetischen und epigenetischen Faktoren spielen die ersten Wochen nach der Geburt die wohl wichtigste Rolle in der Resilienzentwicklung beim Hund. Welpen, die liebevoll umsorgt werden, von der Hundemutter beleckt und von den Züchtern gestreichelt und geknuddelt werden, erfahren eine intensivere Umsetzung des Erbguts in den verschiedenen Hirnteilen. Über den Tastsinn erfolgt die Meldung an das Gehirn und erhöht so die für die soziale Kompetenz zuständige Zahl der Bindungsstellen für das Hormon Oxytocin. Diese Welpen sind zeitlebens mehr ansprechbar für soziale Unterstützung und weniger stressanfällig, was einer Ausprägung von Resilienz positiv zugutekommt. Wir können uns also vorstellen, dass Welpen von der „Welpenmafia" oder von den sogenannten Vermehrern, denen solch eine gute Prägephase in den ersten Wochen verwehrt bleibt, diese Verknüpfungen im Gehirn und Stresszentrum nicht ausbilden können. Fehlt der Bezug zum Menschen und zu anderen Umweltreizen, sind diese Tiere fast unfähig, eine frühe Resilienz aufzubauen. Eine verantwortungsvolle Aufzucht bei einem guten Züchter ist wichtig, um Welpen den bestmöglichen Start in ein gutes Hundeleben zu ermöglichen. Was nicht schon am Anfang falsch läuft, muss später nicht therapiert werden. Doch trotz „richtiger" Aufzucht wird ein Hundeleben nicht immer stressfrei bleiben. Besitzerwechsel, Umwelteinflüsse, Krankheiten, Tierarztbesuche, Menschen und andere Tiere sowie Artgenossen können dem Hund Stress bereiten.

Stress und Resilienz – der Zusammenhang?

Ohne Stress geht es nicht, denn dieser ist unabdingbar für eine gute Resilienzentwicklung. Jedoch muss unterschieden werden zwischen „gutem" und „schlechtem" Stress. Wissenschaftler benutzen hierfür die Begriffe Eustress und Distress. Unter Eustress versteht man einen zeitlich begrenzten, kontrollierbaren, akut-aktiven Stress, wohingegen Distress unkontrollierbar und passiv ist, meist dauerhaft und damit chronisch. Akuter Stress ist nicht schädlich. Er mobilisiert das Hormonsystem des Organismus nur kurzzeitig und verhilft dem Körper zu Anregungen, eine Aufgabe zu bewältigen, zu Anpassungsreaktionen und somit zu keiner schädigenden Belastung. Eine lang anhaltende, unkontrollierbare Stressreaktion, die der Hund nicht bewältigen kann, führt aufgrund seiner Dauer zu einer enormen Belastung des Zentralnervensystems.

Sich nach einem Schreckmoment schnell wieder fangen, anstatt verängstigt von dannen zu ziehen – auch das ist ein Merkmal für Resilienz. (Foto: shutterstock.com / Ian Dyball)

Die Resilienzfähigkeit eines Organismus bestimmt maßgeblich, wie der Organismus auf Stress allgemein und dessen Verarbeitung reagiert. Resiliente Hunde sind also nicht gestresst. Ihre Psyche ist stärker als die Psyche von Hunden, die über eine geringere Resilienz verfügen. Resilienz wirkt wie ein eigener Schutzschild gegen Stress. Der Hund wird die Situation oder das Erlebte eventuell als nur wenig stressig empfinden und so auch keine stressbedingten Schäden für seinen Organismus erfahren. Was jedoch genau als Stress empfunden wird, ist von Hund zu Hund verschieden. Der eine reagiert auf eine neue Situation neugierig und unternehmungslustig, wohingegen ein anderer Hund ängstlich und gestresst reagiert, weil ihn die vielen neuen Sinneseindrücke überfordern. Eine gute Resilienz bedeutet nicht, dass der Organismus erst gar nicht in Stress gerät, sie ist lediglich ein Hilfsinstrument, besser mit dem Stress umgehen zu können.

Stress muss bewältigt werden – aber wie?

Die Weichen für eine möglichst hohe Stresstoleranz des Hundes werden also in den ersten Lebenswochen gestellt. Wächst der Welpe verantwortungsvoll auf, so wird er bereits von klein auf mit gewissen Reizen konfrontiert. Diese versetzen ihn zwar kurzzeitig in Stress, aktivieren jedoch auch das Belohnungszentrum, wenn eine gestellte Aufgabe oder eine Herausforderung bewältigt wurde. So helfen ihm auch die verschiedensten Reize, mit künftigen Stressoren gelassener umzugehen. Hier sind zunächst verantwortungsbewusste Züchter gefragt, danach die Bezugsperson des jungen Hundes. Es ist unbedingt darauf zu achten, dass der Hund in seinen Lern- und Trainingseinheiten niemals überfordert wird, damit er wirksame Stressbewältigungsstrategien entwickeln kann. Hierzu ist es hilfreich, den Hund seinem Alter und seinem Erziehungsstand angemessen leichtem Stress auszusetzen, in Verbindung mit der Konzentration auf eine Aufgabenbewältigung. Ganz wichtige Stressbewältigungsmechanismen sind aber auch Ruhe und Bewegung. In der Ruhephase wird dem Hund ermöglicht, neue Reize zu verarbeiten und seinen Hormonspiegel wieder zu normalisieren. Auch Gelerntes wird in der Ruhephase gefestigt und etabliert. Das heißt, dass ein Training niemals in Stress ausarten soll, da der Hund gemäß dem Prinzip der klassischen Konditionierung eine Verbindung zwischen dem erlebten Stress und dem Training herstellt. Ein Training, das in Stress endet, weil der Hund eine gestellte Aufgabe nicht bewältigen kann oder weil andere Faktoren eine Rolle spielen, sind für Stressbewältigungsstrategien kontraproduktiv. Auch regelmäßige Bewegung sorgt für Stressabbau. Aber es gibt noch einen weiteren Aspekt, der für die Stressbewältigung und Ausbildung einer guten Resilienz wichtig ist: der soziale Aspekt. Hunde sind soziale Lebewesen, fähig zur Bindung und zur Interaktion mit einem Sozialpartner, sei es ein Artgenosse oder ein Mensch. Sozial organisierte Lebewesen kommen samt ihren Anlagen, gelernten Fähigkeiten und Strategien auch dann besser mit Stress zurecht, wenn sie nicht allein sind und gegebenenfalls auf die Unterstützung von Sozialpartnern zurückgreifen können.

Zauberwort Bindung – Was Hunde stark macht!

In der Regel kommt ein Hundekind mit acht bis zwölf Wochen zu seinen Haltern, die ihm, wenn alles gut läuft, ein lebenslanger Sozialpartner sein werden. Für die Ausbildung einer guten Resilienz ist nach neuesten Forschungen eine sichere, stabile Mensch-Hund-Bindung von existenzieller Bedeutung. Doch was bedeutet Bindung? Und wodurch unterscheidet sie sich von Beziehung? Beziehungen sind vielfältig und dienen zunächst dem Zweck des gemeinsamen Vorteils. Sie bestehen auf Basis der Erkenntnis, dass man gemeinsam Situationen unter Umständen besser bewältigen und Aufgaben besser erfüllen kann als einzeln. Damit jedoch aus einer Beziehung eine Bindung wird, kommen noch Emotionen hinzu. Emotionen verleihen der Beziehung eine gewisse Exklusivität. Der Bindungspartner ist nun nicht mehr beliebig austauschbar. Die wichtigste Bedeutung ist jedoch die soziale gegenseitige Unterstützung und das gemeinsame Lösen von Problemen. Ist der Mensch bemüht, diese Bindungsfaktoren im Umgang mit seinem Hund bestmöglich zu erfüllen, wird dieser Mensch von seinem Hund schneller zum wichtigen Sozialpartner erhoben. Der Hund wird zum Menschen eine Bindung eingehen. Der Hund wird in einer unsicheren Situation weniger Stressanzeichen zeigen, als wäre er allein. Dies ist für die Resilienzbildung ein wichtiger Aspekt. Es ist Bindung, die den Hund befähigt, sich an für ihn zunächst belastende Situationen in Anwesenheit seines Menschen heranzuwagen, Lösungen zu erarbeiten, die er dann in einer ähnlichen zukünftigen Situation abrufen kann.

Eine gute Bindung zu seinem Menschen hilft dem Hund dabei, stressige Situationen zu bewältigen. (Foto: shutterstock.com / Jus Ol)

Negative Erlebnisse und Traumata

Doch wie ist es nun mit der Resilienz der Hunde bestellt, die von Menschen aus den Tierheimen dieser Welt oder den Tötungsstationen gerettet werden und schon in ihrem bisherigen Leben Schlimmes erlebt haben? Wer sich für einen Hund aus zweiter Hand oder dem Tierschutz entscheidet, weiß oft nichts über die Vorgeschichte des Hundes und über eventuelle negative Erfahrungen oder Traumata. Aber selbst der Hund eines guten Züchters ist nicht davor geschützt, dass ihm einmal etwas zustößt (z. B. ein Beißvorfall oder ein Unfall) und er somit schlechte Erfahrungen macht. Die Traumaforschung bei Hunden ist noch sehr jung und wenig belegt, sodass hier viele Ergebnisse aus der Humanpsychologie abgeleitet werden, da die Reaktionen von Hunden nach belastenden Ereignissen jenen von Menschen mit einer Traumatisierung sehr ähneln. Als Trauma wird eine nicht verarbeitete extreme Stresssituation bezeichnet, auf die der Organismus mit einer überlebensstrategischen Reaktion reagiert, um sein Leben zu schützen. In der Regel wird sich der Hund für Flucht oder Kampf entscheiden. Würde in dieser Situation „fliehen" oder „kämpfen" wirksam sein und würde das Individuum der Stresssituation entkommen, findet keine Traumatisierung statt. Das Erlebte ist zwar immer noch sehr belastend, wirkt jedoch nicht traumatisierend, sofern eine notwendige Erholungsphase folgt. Hunde, die über eine gute Resilienz verfügen, sind durch ihre Stressresistenz zum größten Teil davor gefeit, Traumata durch belastende Erlebnisse zu erfahren. Dies können Unglücke, Unfälle, Naturkatastrophen, schwere Krankheiten, aber auch Verlust der Mutterhündin, Nahrungsmangel, Vernachlässigungs- und Gewalterfahrungen durch Menschen sein. Wird dem Hund womöglich das Trauma durch seine Bezugsperson zugefügt, kann der

Hund dann nicht mehr auf die positiven Wirkungen einer Mensch-Hund-Bindung zurückgreifen. Dass sich solch ein Trauma zwingend auf die Bindungsfähigkeit und das Bindungsverhalten eines Hundes auswirkt, steht außer Frage. Es ist nicht vorherzusagen, welcher Hund von einem Trauma betroffen sein kann. Es hängt von der Schwere des Ereignisses ab und vom individuellen Erleben und der Bewertung des Geschehens. Schlimme Erlebnisse können nicht angemessen einsortiert und als nützliche Lernerfahrung verwendet werden. Stattdessen werden sie immer wieder erlebt, mit der gleichen Hilflosigkeit. Es entsteht ein andauerndes Gefühl von Angst und Panik. Angst kann zwar im Verhaltenskatalog nicht gelöscht werden, sie kann jedoch durch viel Feingefühl des Halters eventuell mit guten Erfahrungen überlagert werden.

Fazit – der Hundehalter in der Pflicht

Resilienzfähigkeit wird von genetischen und epigenetischen Faktoren bestimmt, jedoch liegt die Verantwortung für eine psychische Widerstandsfähigkeit des Hundes auch beim Halter. Dieser sollte ihm respektvoll begegnen, ihn unterstützen und anleiten, ihn in seinen Grundbedürfnissen, im Wohlbefinden, im Umgang miteinander und im Training auf jeder Ebene stärken. Ein so gestärkter Hund lässt viele Stresssituationen einfach abprallen. Hunde, die in ihrer Vergangenheit nicht optimal aufwachsen konnten, verhaltensauffällig sind oder schnell in Stress geraten, können mit gezielten verhaltenstherapeutischen Trainings die Resilienz erhöhen. Der Mensch muss dem Hund stets deutlich kommunizierte Grenzen und damit verbundene Sicherheit, Planbarkeit und den nötigen Halt bieten. An Erfolgserlebnissen kann der Hund wachsen, an Stress und an Konflikten Handlungen erlernen, die ihn für die Zukunft stressresistenter und somit resilienter werden lassen. Souveräne Führung durch den Halter und eine sichere Bindung sowie Ruhezeiten, die für Entspannung sorgen, bieten Stabilität in stressigen Situationen.

Hundehaltung ist Verantwortung

Sie fängt mit einer guten theoretischen Wissenslage über Verhalten und Körpersprache von Hunden an, geht über die richtige Auswahl des Züchters, über geeignete Rasseauswahl bis hin zu artgerechter körperlicher und geistiger Auslastung – ein Hundeleben lang.

DANIELA **FIEDLER ...**

... wohnt mit Mann und zwei Labradoren in Goch am Niederrhein und hat verschiedene Aus- und Weiterbildungen rund um den Hund absolviert. Unter anderem ist sie zertifizierte Hundeverhaltensberaterin und verhaltensmedizinische Tiertherapeutin (ATN), Coach für Mentaltraining für Hundehalter und –trainer (Ziemer und Falke), hat einen Abschluss in praktischer Psychologie (Laudius Akademie) und Dozentin für Erwachsenenbildung (Impulse e.V.). Ihre Schwerpunkte liegen im Bereich der Neuroanatomie und –biologie sowie der Bildung und Festigung der Mensch-Hund-Bindung. Sie ist anerkannte Sachverständige des Landes NRW (LANUV) und steht Menschen und Ihren Hunden beratend zur Seite.

www.hundeverhaltensberatung-goch.de

(Foto: Hermann Wenzel)

EIN **BERNER SENNENHUND** BEI DER **OBEDIENCE-WM**

Ein Berner Sennenhund und Hundesport – geht das? Ja! Hunde und Obedience sind meine Leidenschaft, mein Ausgleich für meinen Beruf. Nicht nur das Training mit meinem Muk macht wahnsinnig viel Spaß, sondern auch die Sportart an sich, das Zuschauen und Mitfiebern. 2021 durfte ich ein ganz besonderes Event miterleben.

VON DIANA STRÄTLING

Schon mein erster Berner, Bruno, war eine Sportskanone. Anders als seine typischen Rassekollegen war er – mein Joggingbegleiter (längste Strecke 3,5 Stunden) – schlank. Er wurde tolle zwölf Jahre alt.
Dann kam Calle (heute 9,5 Jahre). Auch er ist bis heute schlank und sportlich, trotz Arthrose. Mit Calle kam der Hundesport in mein Leben. Wir schnupperten ins Obedience-Training rein, aus Unerfahrenheit kamen wir aber nicht weiter und trainierten daher für Rally Obedience. Dort waren wir erfolgreich und belegten sogar mal den zweiten Platz bei der Bundessiegerprüfung.
Mein Herz aber schlug immer für Obedience. Diese Sportart fand ich faszinierend, und eines war für mich klar: Wenn mein neuer Berner-Sennen-Welpe Muk (Nepomuk von den lustigen Bären = der Name ist Programm) mit acht Wochen zu mir kommt, möchte ich mit ihm Obedience machen!

Obedience?

Aus dem Englischen übersetzt bedeutet „obedience" Gehorsam. Das hört sich erst einmal spaßfrei an, ist es aber nicht. Trainiert werden unterschiedliche Übungen, z. B. Fußarbeit, Apportieren, Geruchsunterscheidung, Abrufen, Stoppen, Distanzkontrolle. Bei alledem kommt es auf die exakte Umsetzung an, dazu gehört die Technik, aber auch die Zusammenarbeit im Mensch-Hund-Team spielt dabei eine große Rolle.

Gefördert wurde mein Spaß an Obedience durch die Onlinekurse von Shauna Wenzel; ihr Motto „Obedience is fun" hatte es mir angetan. Ein wenig verrückt muss man sein, sich dieser pingeligen und auch schwierigen Sportart zu widmen. Besonders mit einem Berner Sennenhund ist man immer ein Exot in Vereinen, auf Seminaren und Turnieren.
Ich habe an allen Onlinekursen von Shauna teilgenommen, alle Übungen werden darin haarklein erklärt und mit Videos gezeigt. Man sollte bereit sein, fleißig zu trainieren, pingelig zu sein und muss auch mit Kritik umgehen können. Onlinetraining allein reicht natürlich nicht, daher habe ich viele, viele Seminare besucht. Besonders passten die Se-

minare und Trainingsmethoden von Anna Herzog und Eva Hampe für mich, denn dort geht es nicht nur um Technik, sondern auch um die Gemütslage des Hundes. Oft sind der Ausdruck und die Ausstrahlung eben doch wichtiger als Technik.
Die beiden gehören für mich zu den besten Trainerinnen. Anna vermittelte mir nicht nur in ihrem Spezialfach Fußarbeit ihr Wissen, sondern auch in allen anderen Übungen, z. B. wie man den Spaß des Apportierens trainiert. Denn ein Berner bringt die dafür nötigen Eigenschaften nicht direkt mit, man muss sie gezielt fördern.
Das alles hat mir geholfen, ein besonderes Ziel zu erreichen, das ich vor Jahren aus Spaß in einer Whatsapp-Gruppe formuliert hatte.

Große Ziele

Muk war erst zehn Monate alt, als ich das Glück hatte, für ein Seminar mit Joanna Hewelt angemeldet zu sein. Es sollte mein erstes Obi-Seminar werden, ich hatte keine Ahnung von irgendwas. In einer Whatsapp-Gruppe sollten wir uns vorstellen, unseren Leistungsstand beschreiben und Ziele thematisieren. Alle anderen stellten sich mit ihren tollen Erfolgen und Zielen vor. Oje, was sollte ich bloß schreiben? Ich habe also ein Foto von Muk und Calle gepostet und verträumt ein Herz um Muk gemalt. Unser Leistungsstand: „Noch nicht mal die Begleithundeprüfung.“
Mein Ziel: „Die WM 2021 in der Schweiz!“
Daraufhin folgte stundenlanges Schweigen in der Gruppe. Ich hatte wohl nicht den Humor der anderen getroffen. Nach einer gefühlten Ewigkeit kam eine Antwort der Seminarleiterin Joanna: „I love your spirit!“ Ich musste wirklich lachen. Die nächsten drei Jahre wurde ich begleitet vom Running Gag, wir trainierten für die Weltmeisterschaft, und Muk bekam den Spitznamen „WM-Berner“.

Weißer Hund

Und dann? Dann fuhren wir tatsächlich zur WM – zwar nicht als Starter, aber als weißer Hund! Unfassbar! Nie hätte ich das ernsthaft gedacht!
Leider verpassten wir krankheitsbedingt die Qualifikation zur WM bei der Deutschen Meisterschaft, für die wir uns erfolgreich gemeldet hatten. Corona-bedingt hatte ich vorab bei einem Onlineturnier mitgemacht, die Richterin war Nadine Hess aus der Schweiz. Ihr gefiel wohl, was wir da online zeigten, und sie sprach ihre Empfehlung für uns als weißer Hund der WM aus.
Was heißt nun „weißer Hund“?
Der weiße Hund durchläuft zur Probe vor allen Spitzensportlern die Prüfung, zeigt die Laufwege und Startpunkte, ohne zu wissen, wo diese sind.
Es folgten ein paar Wochen des Abwartens, ob wir wirklich genommen werden. Dann um sieben Uhr an einem Donnerstagmorgen kam eine Sprachnachricht, und es stand fest: Wir eröffnen die WM als weißer Hund.
Oh mein Gott, ich war so stolz! Und ich bin Nadine Hess so dankbar für diese Chance!

Die Vorbereitung

Mit Anna Herzog an meiner Seite und der tollen Trainingsunterstützung von Christine Hahn konnte eigentlich nichts schiefgehen, und natürlich wurde auch weiter fleißig trainiert. So musste ich üben, die Ansagen für die Fußarbeit auf Englisch zu verstehen und umzusetzen. Leichter gesagt als getan, wenn man noch auf den Hund,

Muk zeigt, dass mit dem richtigen Training auch ein Berner Sennenhund Begeisterung für Obedience entwickeln kann! (Foto: Hermann Wenzel)

Das erfolgreiche deutsche Obedience-Team bei der WM 2021 in der Schweiz. (Foto: Hermann Wenzel)

seine Füße und die Außenreize achten muss. Wie man das trainiert? Ohne Hund bin ich die Straßen rauf und runter gelaufen, zur Belustigung von Anna und vielen anderen. Dann wurde das Wohnmobil gepackt, und es ging los in die Schweiz.

WM-Feeling

Die WM fand in der Nähe von Bern in einer Hundesporthalle statt. Es war ein irres Gefühl zu sehen, wie allmählich die Starter aus den unterschiedlichen Ländern anreisten, Finnland, Spanien, Italien, Schweden, Dänemark, Polen. 98 Prozent aller teilnehmenden Hunde waren Border Collies, die Porsche-Rasse unter den Obedience-Hunden.
Wir richteten uns auf der Wiese neben der Halle eine Deutschlandecke ein. Das sechsköpfige Deutschland-Team war eine gut gelaunte und sehr harmonische Gemeinschaft, alle unterstützten sich untereinander, keine Spur von Neid oder Missgunst.
Am Dienstag und Mittwoch durfte ich in der Halle trainieren, es war sehr aufregend, und natürlich wollten alle wissen, ob ich Insidertipps bezüglich des Aufbaus hätte – hatte ich aber nicht. Es blieb also spannend, und so wurde im Team jeder mögliche Aufbau des Rings diskutiert, aufgemalt und letztendlich wieder verworfen.
Wegen Corona waren keine Zuschauer erlaubt, aber es gab einen Livestream. Dieser Livestream sollte auch Muk und mich übertragen. Die Anspannung in mir wurde größer, aber eigentlich überwog die Freude. Ich hatte solche Lust zu zeigen, was wir konnten.
Ich war sehr aufgeregt, aber nur positiv. Dann war es so weit, Donnerstag, 18.45 Uhr, draußen brütende Hitze, aber im Flur vor der Halle war es wunderbar kühl.
19.03 Uhr – die Tür ging auf, es fiel Licht in den Flur, und wir gingen in die Halle, nur mit dem Gedanken: „Zeig es ihnen, Muk!“ Dieses Gefühl war die ganze Zeit dabei, und ich war so stolz auf ihn. Die ersten vier Übungen liefen spitze und ich konnte nur grinsen. Muk war so konzentriert, und wir hatten so viel Spaß, dann wechselte ich in den nächsten Ring, es folgten weitere vier Übungen. Der Spaß ging weiter, und ich hörte nach den Übungen die Zuschauer applaudieren, hach, das hat noch mehr motiviert. Drei Übungen davon waren der Hammer. Okay, die letzte habe ich versemmelt. Muk begrüßte am Rand Anna Herzog, das brachte mich etwas raus, und ich musste lachen. Der lustige Bär, aber das war so egal, wir hatten weiterhin so viel Energie. Es ging nicht um Übungen an diesem Tag, es ging um Muk, den tollsten Berner der Welt, und uns als Team.

Shauna Wenzel und Miff haben beim Tagessieg am ersten Tag allen Grund zur Freude. (Foto: Andreas Trechslin)

Unserem Start folgte ein riesiger Applaus, und ich wäre am liebsten noch mal gelaufen. Draußen vor der Halle kamen viele Glückwünsche, und ich war einfach nur so stolz! Noch am gleichen Tag bekam ich Nachrichten aus vielen Ländern und Glückwünsche, obwohl wir eigentlich doch nur als weißer Hund gelaufen waren. Und das ist schon etwas anderes, als „richtig" bei der WM zu starten. Darum ging es mir aber nie, ich wollte nur den Spaß mit Muk zeigen.

Erfolge für das deutsche Team

Da wir nur die „Vortänzer" waren, zogen sich nach meinem Start alle Teams sofort zurück. Es folgte eine Länderbesprechung, bei der jedes Land Fragen zum Aufbau und Ablauf stellen durfte. Jetzt wurde es ernst für alle, ich hingegen konnte glücklich entspannen.
Am nächsten Tag, dem ersten offiziellen Prüfungstag, kribbelte es in der Halle. Nur Shauna Wenzel würde heute für das deutsche Team starten, alle anderen waren am nächsten Tag dran. Perfekter als Shauna kann man sich nicht vorbereiten, bei ihr sitzt jedes Kommando, jede Minute ist durchgeplant. Professioneller geht es nicht. Sie betrat mit ihrem Border Collie Miff den Ring, und es folgte ein Feuerwerk der Obedience-Perfektion. Schön, leicht und ungezwungen war es – Spaß pur. Besser ging es nicht, und so holten sich Shauna und Miff den Tagessieg unter 50 Startern. Ich war dabei, als sie das Ergebnis erfuhr, ein echter Gänsehautmoment. Wir erlebten Sprachlosigkeit, die sehr selten vorkommt bei Shauna, und absolute Freude. Auch Shaunas Mann Hermann war für mich ein Highlight: Er brachte nur ein tonloses „Eijeijei" heraus, als er vom Tagessieg erfuhr. Dann wurde erst mal angestoßen!
An Tag zwei waren die restlichen fünf Starterinnen des deutschen Teams dran: Janina Leick, Anette Weidemann, Wera Hahn, Eva Hampe und Christine Hahn. Ich selbst war extrem nervös, vor allem beim Start meiner Freundinnen Eva und Tine. Mitfiebern ist noch schlimmer als selbst zu starten. Anette Weidemann machte den Anfang mit einem tollen Ergebnis. Sie war zum ersten Mal mit bei der WM. Wie man dabei so cool wirken kann, ist mir ein Rätsel.
Auch Wera Hahn, gefühlt war sie bei allen WMs der letzten Jahre dabei, absolvierte ebenfalls eine ganz tolle Prüfung. Janina Leick war sehr aufgeregt, verständlich, denn ihr Hund war erst drei Jahre alt, und es war ihr erster WM-Start. Die Prüfung war super, wie ihre Teamkollegin schaffte sie alle Übungen.
Dann war Eva Hampe am Start, betrat konzentriert die Halle, und was passierte? Die Hürde war zu hoch eingestellt, es folgte eine kurze Unterbrechung, was nie gut für die Konzentration ist. Aber typisch Eva lief sie danach trotzdem eine spitzenmäßige Runde. Sie weiß einfach, was sie tut!
Bei Christine Hahn ging mein Puls dann noch mal richtig hoch. Ihr Mann Marvin war kurz vor einem Herzinfarkt. Tines Hund Flash ist eine richtige Granate, und auch die beiden punkteten voll durch, ein Superteam! Nur war die Granate schnell, Tine zweimal etwas zu spät, aber mit gekonnter Korrektur und einer völligen Ruhe dabei meisterten sie ihren ersten WM-Start.
Ich war ein bisschen traurig, für mich gehörten die beiden ins Finale. Aber so ist das im Sport, es ist einfach manchmal nur eine Kleinigkeit, und der Traum vom ganz großen Ziel ist vorbei, besonders im Obedience geht das schnell. Wie ich die beiden kenne, werden sie nächstes Jahr alles abräumen!

Überraschende Ehrung

Am Nachmittag sprach mich der Veranstalter an, ich solle zur Tagessiegerehrung kommen, und zwar mit Muk.

Um mich herum witzelten alle, ich würde jetzt einen Blumenstrauß bekommen, aber von wegen …
Ich durfte also samt Deutschland-Team hinter der Deutschland-Flagge einlaufen. Dann wurden die ersten Starter geehrt, bis auf die letzten drei. Ich habe jetzt noch einen roten Kopf, wenn ich an den folgenden Moment denke: Carina Savander-Ranne (Präsidentin der FCI-Kommission und internationale Richterin) übernahm das Mikrofon und sprach von ihrem Favoriten. Plötzlich fielen die Namen „Muk" und „Diana Strätling". Wir bekamen einen Sonderpreis! Ich kann mich nur noch an Worte wie „big impression" erinnern, denn ich war zu aufgeregt, um alles zu verstehen. Das war ein Moment, den ich nie vergessen werde!

Das WM-Finale

Die besten 20 Starter beider Tage hatten sich für das Finale qualifiziert, mit dabei natürlich Shauna. Ich fragte mich, wie sie ihren ersten Start überhaupt noch toppen sollte. Ich glaube, diesmal war Shauna auch aufgeregt. Es lief trotzdem sehr gut, ein kleines Fehlerchen mit Korrektur verhinderte das Treppchen, aber es wurde ein grandioser zehnter Platz. Und dann war sie auf einmal vorbei, die Obedience-WM in der Schweiz. Aber wenn ich hier so schreibe, dann sind all diese tollen Momente, die Aufregung und die Stimmung wieder da.
Wer jetzt neugierig auf Obedience geworden ist, der hat oben gute Adressen bekommen, und vielleicht schaut sich jemand die WM-Videos von Dogsportvideo auf Youtube an. Es lohnt sich!

DIANA **STRÄTLING …**

(Foto: Hermann Wenzel)

… Jahrgang 1973, abgeschlossenes Grafik-Design-Studium und seit 1996 Inhaberin des Restaurants Strätlingshof in Bochum. Der Strätlingshof ist ein gehobenes Restaurant, absolut hundefreundlich, und den Vierbeinern wird eine extra Speisenkarte gereicht.

Diana Strätling ist seit dem Jahr 2000 stolze Berner-Sennen-Besitzerin. Erst 2014 begann sie aktiv mit Hundesport, besuchte viele Seminare bei unterschiedlichen professionellen Hundetrainern. Obedience ist seit vier Jahren fester Bestandteil ihres Lebens, dazu gehören regelmäßige Trainingseinheiten im Verein und tägliches Training zu Hause. Neben Obedience legt sie großen Wert auf die Fitness ihrer Hunde, mindestens dreimal pro Woche wird gejoggt!

Muk beeindruckte so sehr, dass für ihn ein Sonderpreis vergeben wurde. (Foto: Dogsportvideo.net)

(Foto: Archiv Hagemann)

WIE ZIEGE, KATZ UND CO UNS HELFEN, BESSERE TRAINER ZU WERDEN

Als ich vor fast zehn Jahren meine Clickertrainerausbildung bei Viviane Theby begann, musste ich von Freunden und Familie viel Spott über mich ergehen lassen, denn die Trainingspartner in der Ausbildung waren Hühner. Für fast alle in meinem Umfeld war schwer nachvollziehbar, was ein Hundetrainer von einem Huhn lernen sollte. Bei meinem ersten Seminar mit den Hühnern war ich davon überzeugt, der Sinn des Seminares sei es, tiefere Einblicke in die Lerntheorie zu erhalten und dass ich zur praktischen Anwendung ein Huhn trainiere. Mit dieser Annahme lag ich auch nicht gänzlich daneben, aber in den weiteren Modulen dämmerte mir: Es geht um viel mehr. Das Huhn war nicht mein Schüler, sondern mein Lehrer. Das Federvieh offenbarte mir leider sehr ungeschönt die Schwachpunkte meiner Trainerfähigkeiten – von wegen, das dumme Huhn.

VON WIBKE HAGEMANN

Nach den ersten Modulen meiner Ausbildung hatte ich bereits viel gelernt und wog mich in der Sicherheit, mein Handwerk ganz gut zu beherrschen. Also begann ich in meinem Umfeld, mit vielen verschiedenen Spezies zu arbeiten. Das Training mit Pferden, Mäusen, Katzen und Schafen stellte mich vor neue Herausforderungen. Doch dann kam ich durch eine ambitionierte Projektarbeit und glückliche Fügung in den zoologischen Bereich. Das war mein Start, mit Wildtieren zu arbeiten. Plötzlich trennten mich Gitter von den Tieren, und mein tierisches Gegenüber hatte ein Auffassungsvermögen, das weit über das hinausging, was ich bisher von Tieren kannte. Von Angesicht zu Angesicht mit Seelöwen, Schimpansen und Zebras fühlte ich mich so manches Mal wieder wie ein Anfänger.

Wichtige Fähigkeiten

Wie das Training von anderen Tierarten die Arbeit und die eigenen Fähigkeiten als Hundetrainer*in beeinflussen und verbessern kann? Lassen Sie uns einmal genauer hinschauen, welche Fähigkeiten wir als Trainer*in brauchen.

In unserer Tätigkeit trainieren wir den Menschen und den Hund. Daher sind Verständnis, das Lesen von Körpersprache und ein breitgefächertes Wissen wichtige Basics. Wir sollten einen umfangreichen Methodenkoffer haben und die Auswahl flexibel an die Gegebenheiten anpassen können. Gutes Reaktionsvermögen und eine schnelle Auffassungsgabe sind in unserem praktischen Training unbedingt notwendig. Im Detail gibt es noch viel mehr Fähigkeiten, die uns helfen können, effektiver zu trainieren.

Der sture Hund
Einen kritischen Blick auf sich selbst wagen.

Bob Bailey, ein Urgestein des Tiertrainings, pflegt zu sagen: „Die Grenzen des Trainings sind meistens die des Trainers, nicht die des Tieres." Im Hundetraining höre ich viele vermeintlich gute Gründe, warum der Hund Verhalten XY „nicht lernen kann". Das ist ein Dackel, die sind stur und lernen das nicht. Oder der Border Collie lernt nicht apportieren, denn er mag nichts ins Maul nehmen.

Die Tatsache, dass wir Hyänen beibringen können, sich durch ein Gitter Blut abnehmen zu lassen, oder dass Seelöwen ohne Sedierung Augentropfen verabreicht werden können, führen solche Trainingsausreden ad absurdum. Wir alle haben diese kleinen und großen Ausreden, warum etwas „nicht trainierbar" ist. Manche konnten einfach noch nicht die Erfahrung machen, was durch Training so alles möglich ist. Das Training mit anderen Tierarten ermöglicht uns einen Blick über den Tellerrand, samt kritischen Blick auf uns selbst – wenn man will.

Die Körpersprache von Hunden zu lesen und deren Verhalten zu interpretieren ist ein Leichtes für uns, denn darin haben wir Übung. Ein Verhalten wie Gehen an lockerer Leine mit einem Schaf zu trainieren, ist theoretisch das Gleiche wie beim Hund, und doch birgt es ganz neue Erfahrungen. Will das Schaf lieber das Gras am Wegesrand, weil es das Futter nicht mag oder weil mein Training nicht gut ist? Verlässt das Känguru mein Training, weil es satt ist oder weil ich schlecht trainiere? Einen kritischen Blick auf seine eigenen Fähigkeiten zu werfen ist immer eine Chance, Neues zu lernen. Wer glaubt, alles schon zu können, verpasst viele bereichernde Erfahrungen.

Ein Kaninchen zu trainieren erfordert schnelle Reaktionen. (Foto: Archiv Hagemann)

Der scheiternde Kunde
„Das kann doch nicht so schwer sein?!"

Als Trainer*in oder geübte*r Hundehalter*in sind wir schnell in der Lage, Verhalten gezielt zu formen oder neues Verhalten aufzubauen. Eher selten stehen wir in unserem Trainingsalltag vor dem Problem, dass es so gar nicht klappen will. Hunde sind uns vertraut, wir können sie lesen, kennen die Mechanismen und wissen viele Trainingswege. Eine andere Tierart zu trainieren, möglicherweise sogar eine, die uns nervös macht, lässt die Sache schon etwas anders aussehen. Wir missdeuten die Körpersprache unseres Gegenübers. Wir erschrecken und lassen versehentlich Futter fallen, oder uns fällt das Handling des ungewohnten Futters schwer. Kurzum, wir stellen uns ein bisschen tollpatschig an. Genauso fühlt sich ein*e Hundehalter*in, der oder die sich redlich bemüht, jedoch in seinen oder ihren Fähigkeiten nicht so geübt ist wie ein*e Trainer*in „Das kann doch nicht so schwer sein!", kommt einem als Trainer*in viel weniger in den Sinn, wenn man mal wieder Anfänger*in sein darf. Das Verständnis für den ungeschickten und scheiternden Kunden wird wieder präsenter, und wir können besser verstehen, was unser Gegenüber gerade durchmacht.

Die ignorante Ziege
Der Ziege ist es egal, wenn der Trainer sich ärgert

Die meisten Hunde zeigen Interesse an Menschen und sind gewillt, für ein paar Leckerchen so einiges zu leisten. Der „will to please", also der Wille zu gefallen, ist vielen Hunden gegeben und ein Geschenk, das wir Hundemenschen manchmal nicht ausreichend zu schätzen wissen.

Obendrein lässt sich so mancher Hund von der Körpersprache des Menschen unbewusst lenken oder ist von einem Raunzer des Menschen, bei Missfallen eines Verhaltens, beeindruckt.

Einer Ziege ist es dagegen egal, ob sie ihrem menschlichen Gegenüber gefällt, und das gleich dreimal, wenn der Mensch einen Eimer Kraftfutter in der Hand hält. Im Begeisterungssturm über das Futter kümmert es die Ziege auch nicht, ob der Mensch sich über ihr rüpelhaftes Benehmen ärgert. Hier hilft kein Raunzer und keine Körpersprache, der bzw. die Trainer*in muss andere Wege finden, mit dem unerwünschten Verhalten umzugehen. Mit einer Ziege als Gegenüber ist Geduld und „will to please" beim Menschen gefragt.

Das Training mit anderen Tierarten ermöglicht einen kritischen Blick auf die eigenen Trainingsfähigkeiten. (Foto: Archiv Hagemann)

Beobachtungsgabe verbessern

Das schwankende Wüstenschiff

Die Körpergröße eines Hundes ist gut überschaubar. Wir können mit unserem Blickfeld den gesamten Körper erfassen. Mimik und Bewegungen sind uns vertraut, sodass wir eine sehr fein abgestimmte Beobachtungsgabe entwickeln können. Ein Pferd beispielsweise ist viel größer, und der Umgang mit ihm erfordert, dass wir unser peripheres Blickfeld erweitern. Beim Training eines Kamels alle vier Füße im Auge zu behalten, um nur dann zu clickern, wenn alle viere stillstehen, ist bei dem schwankenden Wüstenschiff gar nicht so einfach. Ein Huhn hingegen ist sehr schnell und dies erfordert, dass unsere Augen schnelle Bewegungen erfassen können. Sowohl körperlich große als auch reaktionsschnelle Tiere schulen unser Auge. Sie helfen uns, unsere Beobachtungsgabe und unser Blickfeld zu verbessern.

Schnelle Entscheidungen treffen

Das schüchterne Kaninchen

Jedem*r Trainer*in passiert es mal, ein gutes Verhaltensangebot zu verpassen oder im falschen Moment zu clickern – das ist ganz normal. Im Training mit anderen Spezies gibt es aber manchmal nur die eine Chance, den Einstieg ins Training zu finden. Ein Click oder Futter im falschen Moment kann das Training schnell in eine falsche Richtung führen. Ein scheues Kaninchen streckt vielleicht nur einmal die Nase neugierig in die Richtung des*der Trainer*in und entscheidet danach: Viel zu gefährlich, besser nicht noch einmal! Vielleicht fällt uns im ungünstigen Moment eine Karotte hinunter, dann ist das Kaninchen für die nächsten Minuten erst einmal verschreckt und verschwunden. Bei einem Boxtraining mit einem flinken Meerschweinchen sind wir gefordert, schnell zu entscheiden, welches Verhalten wir verstärken möchten. Danach wirkt das Training mit einem Hund durchaus entschleunigt. Im Training mit anderen Tieren können wir also unsere Augen-Hand-Koordination schulen, um unsere Entscheidungsreaktion zu verbessern.

Verstärken, nicht füttern

Die wählerische Katze

Viele Hunde sind wunderbar verfressen und machen uns das Training über Futterbelohnung sehr leicht. Da kann es uns auch öfter mal passieren, dass der Hund ein Häppchen bekommt, das nicht ganz zielgerichtet unserem Trainingsplan oder Kriterium folgt. Einen negativen Einfluss auf unser Training bemerken wir bei der Vielzahl der Wiederholungen oft nicht. Beim Training mit Katzen ist die Auswahl an Verstärkern in Form von Futter schon etwas schwieriger, denn sie sind durchaus wählerisch. Der Appetit von Katzen ist aufgrund der Körpergröße begrenzt oder aber sie verlieren schnell das Interesse, wenn der Verstärker zu eintönig ist. Wer zu großzügig mit der Futterbelohnung ist, hat

Lerngesetze und Trainingstechniken müssen immer wieder neu betrachtet werden. (Foto: Archiv Hagemann)

bei Katzen und vielen anderen kleinen Tieren, wie Hamster, Maus und Co, schnell ein sattes Tier. Die Verstärkungsoptionen wollen gut überlegt sein, damit die Trainingssession nicht bereits nach drei Belohnungen endet.

Den Methodenkoffer neu sortieren

Der flinke Waschbär

Manches im Hundetraining folgt Rezepten, bewusst und unbewusst, denn was sich bewährt, wiederholen wir gern. Unser Gehirn liebt es, effizient zu sein und auf diese Weise Energie zu sparen. Mit den Jahren entwickeln sich feste Strukturen, und wir greifen immer wieder zu den gleichen Methoden. Trainingsansätze, die zum Ziel haben, unerwünschtes Verhalten durch Einwirkung zu reduzieren, sind leider im Hundetraining noch gang und gäbe. Beim Training mit anderen Tierarten stößt man damit schnell an seine Grenzen. Einen Waschbären mit der Wasserpistole nasszuspritzen oder ihn auf den Rücken zu legen wird nicht den gleichen Effekt haben wie bei den meisten Hunden. Einen flinken Waschbären, der mit seinen kräftigen Händen ruck, zuck an uns hochklettern kann, körperlich zu maßregeln, kann man probieren, endet aber wahrscheinlich eins zu null für den Waschbären.
So ist man als Trainer*in gefordert, die Lerngesetze und Trainingstechniken aus einem neuen Blickwinkel zu betrachten. Das hilft uns, neue Wege zu finden, um erwünschtes Verhalten zu kreieren und unsere Arbeitsweise in einigen Bereichen zu überdenken. Zudem können wir in Workshops oder Seminaren mit anderen Tierarten unseren Methodenkoffer durchkramen und Trainingsideen wieder aktivieren, die etwas in Vergessenheit geraten sind.

Komfortzone verlassen

Das aggressive Huhn

Bevor ich mit meiner Clickertrainerausbildung begonnen habe, hatte ich schreckliche Angst vor Hühnern. Das Federvieh löste in mir den Wunsch nach Flucht aus, weil ich als Kind einmal böse gepickt wurde. Doch egal, in welche Richtung ich mich orientierte, um Clickertrainerin zu werden, immer wieder kam ich auf das Hühnertraining zurück. Beim ersten Seminar klopfte mir noch das Herz bis zum Hals vor Angst, doch im späteren Verlauf der Jahre wurde ich selbst begeisterte Hühnerhalterin.

Unsere Komfortzone ist der Bereich unseres Wissens und Handelns, in dem wir uns sicher und wohl fühlen. Diese Komfortzone zu verlassen und sich auf unsicheres Terrain zu begeben erfordert ein wenig Mut. Niemand konfrontiert sich gern mit seinen eigenen Ängsten oder schaut mit Freude auf seine Schwachstellen. Trauen wir uns aber, diesen Schritt zu machen, sind gerade außerhalb unserer Komfortzone die Erfahrungen möglich, die uns weiterbringen.

Training ist Handwerk

Das aufdringliche Pony

In unserer Tätigkeit bedarf es manchmal körperlicher Flexibilität, wenn es um die Darreichung der Verstärker geht. Ein Malinois, der gern mit vollem Schwung in die Beißwurst fliegt. Das tiefe Bücken, um dem Malteser das Häppchen zu reichen, oder den Keks zielsicher an Ort und Stelle zu werfen, an dem der Trainingshund Platz-Bleib übt. Als Hundetrainer*in begegnen uns auch durchaus Hunde, die es übergriffig finden, direkt ins Maul gefüttert zu werden. Und so mancher Angsthund möchte gar nicht erst nah genug herankommen, um Futter aus unserer Hand zu nehmen. Wir sollten also als Hundetrainer*in fit und flexibel sein, um unsere Darreichung der Verstärker den Gegebenheiten oder den Bedürfnissen des Hundes anzupassen.
Das Training mit anderen Tierarten fordert unsere motorischen Fähigkeiten in vielerlei Hinsicht. Zum einen ist das Fressverhalten je nach Tierart sehr unterschiedlich. Zum anderen erfordert manche Tierart das Arbeiten über Barrieren oder durch Zäune, wie zum Beispiel das Shetlandpony, das durch eine Barriere gefüttert werden muss, weil es noch nicht gelernt hat, Abstand zu halten.

Besser geht immer

Meine persönliche Erfahrung

Zu Beginn meiner Arbeit mit anderen Spezies hatte ich oft das Gefühl, mich in zwei Welten zu bewegen. Auf der einen Seite war das Hundetraining mit all seinen Methoden und Konzepten. Auf der anderen Seite war meine Arbeit als zoologische Trainerin. Hier musste ich mich immer wieder neu auf die unbekannte Tierart, deren Bedürfnisse und die Umgebung einstellen. Nach einer Weile wurde mir klar, dass es trotz der Unterschiedlichkeiten viele Parallelen gibt. Es sind keine abgegrenzten Bereiche, sondern Welten, die miteinander verschmelzen.
Ich hatte dank meiner Ausbildung das theoretische Wissen und das Handwerkszeug, um mit diesen Tieren zu arbeiten. Jedoch haben mich all diese Tiere auf einem ungeahnten Niveau herausgefordert und mich oft veranlasst, meine Trainer*innenfähigkeiten kritisch zu hinterfragen. Jedes einzelne dieser Tiere hat mir deutlich gemacht, dass es immer Luft nach oben gibt, was die eigene Anpassungsfähigkeit, Methodik und Trainingsplanung angeht.
Für mich als Tiertrainerin ist Fakt: Jedes Lebewesen ist lernfähig und somit auch trainierbar. Das ist aber keine Einbahnstraße, sondern eine Wechselwirkung. Wer sich auf den Dialog mit dem Tier im Training einlässt, kann viel lernen: über die Tierwelt, sich selbst und über Training. Natürlich hat nicht jede*r Hundetrainer*in die Möglichkeit, mit Wildtieren zu arbeiten, doch auch das Training mit Haustieren oder Nutztieren kann eine große Bereicherung sein. Letztlich geht es nicht darum, wie exotisch die Tierart ist, sondern was der bzw. die Trainer*in dabei lernen kann. Besuchen Sie Workshops und Seminare oder clickern Sie mal die Katze des Nachbarn. Egal, in welcher Richtung Sie einen Blick über den Tellerrand wagen, ich bin sicher, Sie werden Aha-Momente erleben, die Sie in Ihrer Arbeit weiterbringen.

WIBKE **HAGEMANN** …

… leitet seit 2011 die Hundeschule Canipedia in Emsdetten. In ihrer Tiertraining Akademie ist sie Beraterin im zoologischen Bereich und bietet Seminare und Workshops für Trainer an. Sie ist TOP***-Trainer der Tierakademie Scheuerhof, Referentin, Fachbuchautorin und hat ein Fernstudium über die „Grundlagen der Psychologie" absolviert. In Seminaren bei Bob Bailey, Ken Ramirez, Susan Friedman und Viviane Theby hat sie ihr Wissen und ihr Trainingshandwerk vertieft.

(Foto: Daniel Hardge)

Hundeschule: **www.canipedia.de** / Seminare & Workshops: **www.tiertrainingsakademie.de / Onlinekurse: www.tiertrainingakademie.online**

WIPPENTRAINING FÜR HUNDE

Bei dem Begriff „Wippentraining“ denken viele Hundemenschen automatisch an Agility, doch um die Agility-Wippe geht es in meiner neuen Trainingsthematik gar nicht. Die Wippen, von denen ich hier sprechen werde, sind nicht dazu da, schnellstmöglich zum Kippen gebracht oder überlaufen zu werden. Sie dienen unseren Vierbeinern im Gegenteil dazu, sich darauf aufzuhalten, sich auszubalancieren und zu lernen, den eigenen Körperschwerpunkt bewusst zu verändern.

VON STEFFI RUMPF

(Foto: Steffi Rumpf)

Schon lange arbeite ich in meinen Balance- und Cavaletti-Seminaren unter anderem mit einer kleinen Wippe, ähnlich einem Wackelbrett, aber eben nur nach vorn/hinten und nicht zusätzlich nach rechts/links beweglich. Ich habe mit der Zeit gemerkt, was für positive Effekte das kontrollierte Wippen für die Hunde hat, und mich mehr in die Thematik eingearbeitet.
Viele Aha-Erlebnisse hatte ich unter anderem auch durch das Training meiner Pferde auf den Wippen von Nina Steigerwald und ihren Erläuterungen für Pferdemenschen. Vieles kann man vom Pferd auf den Hund übertragen, manches ist jedoch anders, da sich das Verhalten und auch der Körper von Pferd und Hund natürlich unterscheiden. Dennoch sind beides Vierbeiner, und sie profitieren von der Beschäftigung an den Wippen.
Grundsätzlich geht es bei den verwendeten Wippen um verschiedene Varianten, je nachdem, ob der Hund ganz oder nur mit Teilen seines Körpers (z. B. Vorderpfoten) darauf stehen soll. Ganzkörperwippen sind idealerweise ungefähr 1,5- bis zweimal so breit wie der sie nutzende Hund. Die Länge sollte etwa dreiviertel- bis 1,5-mal so lang wie der Hund sein. Fortgeschrittene Hunde können auch Wippen nutzen, die nur so breit sind wie sie selbst und sogar etwas kürzer als deren normaler, bequemer Stand; Anfänger sollten etwas moderater starten. Es ist also nicht allzu viel Platz um den Hund herum auf der Wippe. Ist die Wippe etwas größer, ist das nicht schlimm, jedoch verleitet das den Hund dazu, sich auf der Wippe zu viel zu bewegen, was gerade anfangs nicht unbedingt gewünscht wird. Auch die Kraftübertragung durch die Gewichtsverlagerung wird bei zu großen Wippen erschwert.

Wozu ist das Wippen gut?

Unsere Hunde werden glücklicherweise im Schnitt immer älter und sollen, wenn möglich, auch lange körperlich fit bleiben. Der gesamte Bereich von Balance- und Koordinationstraining hat sich in den letzten Jahren sehr weiterentwickelt. Allerdings kann bei manchen Turngeräten mehr kaputt- als gutgemacht werden, wenn man sie falsch benutzt. Besonders Gerätschaften, die sich in alle Richtungen bewegen (z. B. Wackelbretter mit einer mittigen Kugel), können bei unerfahrenen Hunden mitunter sehr stark ausschlagen und den Bewegungsapparat dadurch belasten und/oder Ängste auslösen. Das koordinative Wippentraining dient der Ruhe und dem konzentrierten Trainieren unterschiedlichster Muskelgruppen, ohne den Hund dabei hochzufahren oder zu unkontrollierten Bewegungen zu animieren. Somit ist diese Form der Beschäftigung auch für Junghunde bis zu den Senioren geeignet, in angepasster Form können die Wippbewegungen auch als Rehamaßnahme und Therapie (immer begleitet durch einen Therapeuten) nach Verletzungen eingesetzt werden.
Ziel ist es, dass die Hunde sich ihres eigenen Körpers besser bewusst werden und sich in ihm wohl und sicher fühlen. Dadurch ist das Training auch sehr gut für Angsthunde geeignet. Die Hunde lernen im Verlauf des Trainings, aktiv ihren Körperschwerpunkt zu verändern, ohne große Bewegungen auszuführen. Ruhige und später auch gehaltene Schwerpunktverlagerungen sprechen nahezu alle Muskelgruppen an, ohne den Bewegungsapparat durch schnelle Drehungen oder Sprünge zu belasten. Zudem ist das Training wetterunabhängig, da platzsparend in jeder Wohnung durchzuführen.

Wie fängt man an?

Im ersten Schritt sollte man den Hund über das Brett / die Wippe führen, ohne dass das Gerät schon wippt. Dazu klemmt man ein Kissen, Balance-Pad oder etwas anderes unter die Ausschläge. Je nach Vorkenntnissen haben manche Hunde bereits damit Schwierigkeiten, den ungewohnten Untergrund und das relativ schmale und leicht erhöhte Brett zu betreten. Natürlich muss die Wippe immer mit einem rutschfesten Belag versehen sein, und auch unter der Wippe sollte immer griffiger Boden (Teppich, Gras, Turnmatte o. Ä.) liegen.
Gleichzeitig kann man dem Hund – abseits der Wippe – zunächst im Liegen erklären, dass er seinen Schwerpunkt verschieben kann, ohne seine Beine oder Pfoten zu bewegen. Dazu legt man den Hund ins Platz und kniet sich vor ihn. Sofern der Hund ein Handtarget kennt, nutzt man dieses, wenn nicht, nimmt man ein Leckerli in die Hand und lockt den Hund nun im Platz so weit wie möglich nach vorn – aber nur so weit, dass er gerade noch nicht aufsteht oder die Hinterbeine anhebt. Dazu sollte der Kopf des Hundes eher in einer tiefen Position geführt werden und keinesfalls so, dass sich zwischen Hals und Rückenlinie ein Knick durch das Hochsehen ergibt. Der Hals sollte idealerweise die Verlängerung der Rückenlinie darstellen. Deshalb ist es an-

fangs auch besser, selbst zu knien oder zu hocken. Später kann man natürlich wieder stehen, wenn der Hund ein Verständnis für die Übung entwickelt hat. In der momentan maximalen Position der Gewichtsverlagerung nach vorn lobt man den Hund mit ruhiger Stimme (keinesfalls hektisch jubeln) oder einem Markersignal und füttert ihn, ohne dass er aufsteht.
Beim Kauen wird der Hund dann automatisch in die für ihn „normale" und bequemere „Nullposition" zurückfallen, aus der wir ihn dann – wieder mit Handtarget oder Futter – nach hinten locken, aber nicht drücken. Auch hier sollte der Hund den Kopf tief halten und nicht aufstehen. Im Idealfall sieht man im Liegen schon, wie der Hund die Wirbelsäule bei der Rückwärtsbewegung leicht aufwölbt. Auch hier folgt wieder im Moment der derzeit am weitesten möglichen Gewichtsverlagerung nach hinten das Lob bzw. der Marker und die Belohnung. Mit der Zeit benennt man das Vor und Zurück mit je einem Signal und fragt dann die Bewegungen einzeln ab oder lässt die Vorwärts- und die Rückwärtsbewegung auch direkt ineinander übergehen.
Auf dem Wippbrett übt man derweil (immer noch, ohne es kippen zu lassen) das Stehen des Hundes auf dem Brett, das Überlaufen und das seitliche Daraufstehen nur mit den Vorderpfoten oder auch nur mit den Hinterpfoten als Vorder- oder Hinterpfotentarget. Dies sollte unbedingt bereits zu Beginn mitgeübt werden, da der Hund andernfalls die Wippe immer mit der Ganzkörperübung verknüpft und es später sonst schwierig werden kann, ihm zu erklären, dass diese auch andere Nutzungsmöglichkeiten beinhaltet.
Nach und nach beginnt man, die Wippe kontrolliert zu bewegen. Bei jedem Stressanzeichen des Hundes muss man die Höhe und die Kippgeschwindigkeit sofort wieder verringern. Der Moment für das Lob oder den Marker ist genau dann, wenn sich die Wippe bewegt, nicht erst, wenn sie maximal ausschlägt.
Abseits der Wippe generalisiert man die Gewichtsverlagerung von vorn nach hinten und zurück aus dem Platz auch ins Sitz und schließlich ins Steh. Hier ist es besonders wichtig, den Hund mit der Zeit nur noch zu belohnen, wenn wirklich alle vier Pfoten am Boden bleiben und der Hund nicht etwa Ausgleichsschritte nach vorn oder hinten macht. Dazu kann man ihm gegebenenfalls helfen, wenn man ihn sowohl mit den Vorderpfoten als auch mit den Hinterpfoten jeweils auf Targets stellt, die er bei der Gewichtsverlagerung nicht verlassen soll.

Welche Wippe?

Der Effekt des Wippentrainings basiert auf instabilen Untergründen in Verbindung mit verkleinerten Flächen. Bei einer im Verhältnis zum Hund zu großen Wippe fällt der muskuläre Effekt deutlich geringer aus. Auch das bekannte Agility-Wippentraining hat ganz andere Schwerpunkte und schult demnach die Motorik nicht in diesem angestrebten Maß.
Für den Beginn des Wippentrainings hat sich eine einfache Wippe mit einem Halbrund als Kippachse gut bewährt. Möchte man das Wippentraining aus ergonomischen Gesichtspunkten weiter vertiefen, eignet sich jedoch eine Kufenwippe oder Halbrundwippe noch besser. Warum? Bei einer Wippe, die sich über eine vergleichbar kleine Kippfläche (z. B. eine mittig angebrachte Stange) auf und ab bewegt, benötigt der Hund einen relativ großen Kraftaufwand, um diese zum Kippen zu bringen, ohne Schritte zu machen. Hat die Wippe dann ausgelöst, wird die Bewegung sehr schnell und recht „hart" zum Stoppen gebracht, wenn das Kippbrett (überwiegend durch die Schwerkraft und weniger durch Muskeleinsatz des Hundes) auf der anderen Seite aufkommt. Das führt zu einer nötigen Abfederung in den Gelenken und nicht zu einer fließenden Bewegung. Um die Gelenke hier nicht zu sehr durch solche Stauchungskräfte zu belasten, sollten solche Wippen niemals sehr hoch sein!
Eine Halbrund- oder auch eine Kufenwippe hat keinen solchen Kipppunkt, sondern gleitet fließend vor und zurück, sodass der Hund seinen Körper dauernd weiter neu austarieren und stabilisieren muss, um ihn im Gleichgewicht zu halten.
Grundsätzlich sollte die Koordinationswippe nie so hoch sein, dass der Hund hinunterfallen oder sich bei einem Danebentreten verletzen könnte. Auch vom Gewicht her sollte sie – zumindest bei regelmäßigem Einsatz – zur Größe des Hundes passen. Ich nutze für das Ganzkörper-Work-out Wippen, die idealerweise mittig nicht (wesentlich) höher sind als maximal das Sprunggelenk des Hundes.

Was passiert beim Wippen?

Nachdem die seitliche Stabilisierung der Wippe nach und nach immer niedriger und schließlich entfernt wurde, kann der Hund im zweiten Trainingsschritt lernen, die bereits ohne Wippe erlernte (und idealerweise unter Signal gestellte) Vor- und Rückverlagerung des Körperschwerpunkts immer sicherer auszuführen. Dabei steht er zu-

Oben: Der Hund lernt auf dem Gerät zu stehen, ohne dass es wippt. Unten: Targets helfen dem Hund dabei, sich auf dem Wippbrett zu positionieren. (Fotos: Steffi Rumpf)

nächst gerade und mittig auf der Wippe. Diese Bewegung lässt sich mit der Zeit dann an jedem einzelnen Punkt der Bewegungskette mittels Stopp- oder Halt-Signals unterbrechen, ohne dass der Hund die dann gerade erreichte Gewichtsverlagerung und die damit verbundene Muskelanspannung eigenständig wieder aufhebt.

Was passiert bei der Gewichtsverlagerung und dem Wippen im Körper des Hundes und warum sollte er keine Ausgleichsbewegungen (Schritte) machen?

- Die Körperwahrnehmung wird geschult.
- Die Muskulatur und besonders die Tiefenmuskulatur wird angeregt.
- Muskuläre Verspannungen und verklebte Faszien können gelöst werden.
- Bauch- und Rückenmuskulatur werden angeregt (besonders wichtig für Vierbeiner, da es im Alter sonst nicht selten zum „Durchhängen" der Rückenpartie kommt).
- Der gesamte Hinterhandbereich wird gedehnt und angeregt.
- Durch die Rückwärtsverlagerung entsteht eine Dehnungsenergie, die dann dosiert und langsam wieder (ohne Schritt/Sprung nach vorn) durch die vorwärtsgerichtete Gewichtsverlagerung freigegeben wird. Dazu benötigt es Muskelaktivität, die dem gesamten Stützapparat zugutekommt.
- Das Becken wird durch das Abkippen bei der Gewichtsverlagerung mobilisiert.
- Das Selbstvertrauen wird gestärkt.
- Die gesamte Koordination und das Gleichgewicht werden verbessert.
- Ruhiges, konzentriertes Zusammenarbeiten mit dem Hundeführer wird gefördert.
- Eine gesunde Ausgleichshaltung zum aufmerksamen „Fußlaufen" wird erreicht.
- Es macht Spaß und sorgt für Abwechslung ohne (Leistungs-)Druck.

WICHTIG: Der Hund sollte den Ausschlag der Wippe nicht dadurch hervorrufen, dass er den Kopf hebt und senkt, um mit diesem Schwung Energie in die Wippe zu bringen, ohne den Körperschwerpunkt wirklich zu verändern und die Muskulatur anzuspannen. Für das korrekte Wippen kommt es sehr auf den Fütterungspunkt und den Moment des Lobs/Markers an. Wichtig ist es auch, nicht darauf zu schauen, wann sich die Wippe bewegt, um zu belohnen, sondern darauf, wann der Hund die gewünschte Bewegung (oder einen Ansatz dazu) zeigt.

Erreicht der Hund das Kippen durch Vor- und Zurücktreten, nimmt seine Hinterhand ebenfalls keine Last auf und die Oberlinie wird nicht gedehnt, die Muskulatur nicht trainiert. Zwar löst er die Bewegung der Wippe aus, jedoch ohne den dahinterliegenden Trainingseffekt, da die Energie nicht durch die Muskulatur abgefangen und gehalten, sondern durch den Schritt aus dem Körper hinausgeleitet wird.

Die seitliche Zweibeinwippe

Die Zweibeinwippe basiert auf dem bereits zuvor für die „große" Wippe beschriebenen Prinzip des Vorderhand- oder Hinterhandtargets.

Eine geeignete Wippe für nur zwei Beine (Vorder- oder Hinterbeine) sollte kleiner sein und auch etwas weniger Gewicht und einen kleineren Aus-

Das seitliche Wippen mobilisiert vor allem die Schulter des Hundes. (Foto: Steffi Rumpf)

schlag haben als die Ganzkörperwippe. Auch hier eignet sich am besten eine Kufen- oder Halbrundwippe, aber auch eine flache Wippe mit einfacher Kippachse tut zunächst zum Probieren ihren Dienst. Die Zweibeinwippe sollte idealerweise ein- bis 1,5-mal so lang sein wie der Abstand zwischen den Pfoten des zu trainierenden Hundes. Sie muss lediglich so breit sein, dass sie stabil steht, in der Regel also etwa halb so breit wie lang. Im Handel gibt es im Gymnastikbereich geeignete Wippen, auch solche für Kaninchen können für kleinere Hunde passen. (Für große Hunde kann man auf der Webseite von Nina Steigerwald nach Hundewippen schauen.)

Bei der Nutzung der seitlichen Zweibeinwippe (Vorderbeine) geht es in erster Linie darum, den Bereich der Schulter zu gymnastizieren und zu mobilisieren, dadurch, dass ich die Schulterblätter durch das seitliche Rechts-links-Wippen wechselseitig hebe und senke. Die Rumpftragemuskulatur wird angesprochen und somit gekräftigt, die Brustmuskulatur gedehnt. Es entsteht ein Ausgleich für einseitige Belastungen (Fußgehen) und ein korrigierender Einfluss auf die natürliche Schiefe des Hundes.

Auch bei der seitlichen Wippbewegung soll der Hund möglichst keinen Seitenschritt machen und das Wippen nicht etwa durch übermäßiges Hin-und-her-Werfen des Kopfes hervorrufen. Bei den allerersten Schritten kann auch hier wieder ohne Kippen auf einem Balance-Pad oder Target geübt werden. Gerade bei der Seitenbewegung ist darauf zu achten, jeden kleinen Ansatz der seitlichen Gewichtsverlagerung wahrzunehmen und zu belohnen. Oft spiegeln die Hunde unser eigenes Verhalten, wenn wir frontal vor ihnen stehen und selbst das Gewicht übertrieben vom rechten auf das linke Bein verlagern und dann jeweils etwas halten. Keinesfalls sollte der Hund an der Leine hin und her gezogen werden!

Bei der Bewegung mit der Hinterhand fällt in der Regel auf, dass es dem Hund sofort deutlich schwerer fällt, die Bewegungen der Wippe ruhig auszugleichen. Manche Hunde fangen an, sehr schnell zu wackeln/zittern (das sollte man sofort durch Stabilisieren der Wippe – z. B. mit Balancekissen – unterbrechen), andere zeigen sehr wenig Bereitschaft, das Gewicht seitlich zu verlagern, um ein Kippen zu erreichen. Das liegt auch daran, dass sich Hunde in der Regel ihrer eigenen Hinterhand nicht wirklich bewusst sind. Viele Hunde „ziehen" die Hinterhand nur passiv dem vorderen Teil des Körpers hinterher. Das lässt sich entwicklungsbiologisch einfach nachvollziehen:

Da, wo die Schulter eines Hundes durchpasst, passt für gewöhnlich auch dessen Hinterhand hindurch. Hat der Kopf einen für die Vorderbeine sicher begehbaren Weg gefunden, können die Hinterbeine einfach der Spur folgen. In der Hinterhand liegt lediglich der „Motor", der dem ursprünglichen Jäger einen möglichst schnellen Antritt begünstigte. Hinterbeine einzeln zu koordinieren war nicht unbedingt nötig und hätte bei der Jagd wohl auch zu lange gedauert.

Dadurch, dass wir unsere Hunde in aller Regel nicht mehr als Jäger halten, sondern sie möglichst lange und gesund als Familien- und Sporthunde bei uns haben wollen, macht ein gezieltes Koordinationstraining der einzelnen Hinterbeine und die gesamte Mobilisierung der Hinterhand (hier beim Wippen vor allem ein Öffnen der Kreuzdarmbeingelenke) absolut Sinn.

Effekte der Hinterbein-Zweibein-Wippe:

- Ausgleich von einseitigen Belastungen (Fußgehen), korrigierender Einfluss auf die natürliche Schiefe.
- Anregen der Wirbelsäulenrotation, was insgesamt zu mehr Beweglichkeit führt.
- Mobilisation von Becken und Lende und den umliegenden Strukturen und dadurch letztendlich das Ermöglichen möglichst verschleißarmer Bewegungen, was wieder ein gesundes Altern begünstigt.
- Geschicklichkeit verbessern.
- Körpergefühl – vor allem für die Hinterhand – steigern.

Die Bewegungen auf den seitlichen Zweibeinwippen vorn und hinten sollten bei vorliegenden Einschränkungen oder Erkrankungen des Bewegungsapparats mit dem behandelnden Tierarzt/Physiotherapeuten abgeklärt werden. So sind rotierende Bewegungen der Wirbelsäule nicht ideal bei Spondylosen, bestimmte Arthroseformen wie Zehengelenksarthrosen könnten ebenfalls zu sehr belastet werden. Wenn man hier unsicher ist, unbedingt vorher mit dem Fachmann besprechen.

Für Fortgeschrittene

Die Erweiterung der Zweibeinwippen ist dann eine Ganzkörperwippe/-wiege, die nicht längs, sondern quer, also seitlich von rechts nach links, wippt. Zwar fällt dabei die Rotation der Wirbelsäule weg, aber es stellen sich weitere koordinative Herausforderungen für den Hund, das Gleichgewicht im gesamten Körper von rechts nach links zu verlagern, ohne seitlich ins Schwanken zu geraten oder „umzukippen". Solche Wippen sind z. B. als Wippbrett oder Koordinationswippe, Venentrainer oder unter anderen Bezeichnungen im Handel erhältlich.

Grundsätzlich sind die Wippen mit etwas handwerklichem Geschick aber auch relativ leicht selbst zu bauen (hier gibt es Anleitungen im Netz).

Diese Wippen sind aber nur für fortgeschrittene Hunde mit gutem Körpergefühl zu empfehlen und zunächst auch unbedingt wieder mit Kissen abzufangen, damit der Hund keine Angst entwickelt.

Hat der Hund die Grundübungen auf der Wippe verstanden, steht der weiteren kreativen Beschäftigung mit dem neuen Lieblingsgerät nichts mehr im Weg. Zum Einsatz kommen können hier verschiedene weiterführende Übungen, Dehnungen, passive Mobilisationsübungen, Kunststücke, gezielte therapeutische Übungen, Kombinationen mit anderen Übungen und/oder Geräten aus der Bodenarbeit und dem Balancetraining für Hunde. Dies würde aber den Umfang des Artikels sprengen.

Neben dem gemeinsamen Spaß mit dem Hund tut man somit auch noch etwas für seine Gesundheit. Besonders für den Winter ist Wippentraining eine tolle Ergänzung zu anderen Hundesportarten, da man nur wenig Platz benötigt.

STEFFI **RUMPF …**

(Foto: Archiv Rumpf)

… betreibt gemeinsam mit Thorsten Rumpf seit 2005 die Hundeschule doggi-fun im Rhein-Main-Gebiet und gibt Seminare in ganz Deutschland und in den angrenzenden Nachbarländern. Neben Grunderziehungsgruppen bietet sie diverse Beschäftigungsmöglichkeiten wie das von ihr erfundene „doggi-golf" an. Außerdem trainiert sie Mensch-Hund-Teams, deren Vierbeiner unangepasstes Verhalten zeigen, veranstaltet Hundespaziergänge und bereitet Hunde auf den Wesenstest vor. In ihrem Training geht es immer um den gemeinsamen Spaß, wobei Hunden und Besitzern der teilweise selbst gemachte Stress genommen wird. Steffi Rumpf ist Autorin diverser Fachartikel sowie der Bücher „Cavaletti-Training für Hunde", „Pudel" (gemeinsam mit Karin Pohl), „Entspannt leben mit Hund" und „doggi-golf", alle erschienen im Cadmos Verlag.

www.doggi-fun.de

HOOPERS-

Ursprünglich stammt Hoopers-Agility aus den USA, doch es erfreut sich zunehmend auch in anderen Ländern wie Deutschland großer Beliebtheit. Es gibt verschiedene Führsysteme, die sich im Aufbau und in der Führtechnik etwas unterscheiden, aber letztendlich haben sie alle das Ziel, den Hund sicher und mit viel Freude durch den Parcours zu leiten.

VON MARLEEN UTECH

(Foto: Brigitte Zwengel)

AGILITY

Wer einmal erlebt hat, wie viel Freude Menschen und ihre Hunde beim Hoopers-Agility-Training haben, oder es selbst ausprobiert hat, weiß, dass diese Hundesportart großes Potenzial hat. Zum einen wird der Hund nicht nur körperlich, sondern auch geistig bestens ausgelastet, und zum anderen lernt der Hundehalter seinen Hund mit immer feiner werdenden Signalen auch auf große Distanzen zu führen. Zudem machen das Parcourstraining, aber auch der Aufbau der Grundlagen sehr viel Spaß.

Worum geht's?

Durch den Einsatz verschiedener Geräte wird beim Hoopers-Agility ähnlich wie beim Agility ein Parcours aufgebaut. Der Hundehalter stellt sich in einen vorher festgelegten Bereich, der auch Führbereich genannt wird, und leitet von dort den Hund mit Sicht- und Hörsignalen durch den Parcours. Im Gegensatz zum Agility-Training läuft der Hundehalter also nicht neben seinem Hund, um ihn durch den Parcours zu führen, sondern führt ihn auf Distanz. Die Geräte, die in einem Hoopers-Parcours vorkommen können, sind die typischen Hoops, die aussehen wie Bögen, außerdem Tunnel, Tonnen oder Fässer und Gates. Gates sind aufgestellte flache Rechtecke, die ein wenig an kleine Raumteiler erinnern.

Grundlagen

Bevor man mit dem Parcourstraining starten kann, werden verschiedene Übungen als Grundlagen und Hilfsmittel trainiert. Für das Training auf Distanz ist es zum Beispiel sehr sinnvoll, ein neues Markerwort aufzubauen, bei dem der Hund lernt, dass die Belohnung vor ihm erscheint und er sich nicht zum Hundehalter umdrehen muss. Beim klassischen Markerwort, also einem Wort, das eine Belohnung ankündigt, dreht sich der Hund in den meisten Fällen um, da er eine Belohnung beim Menschen erwartet. Beim Hoopers-Agility-Training wäre das aber unpraktisch, wenn der Hund sich in Erwartung der Belohnung immer umsieht, so gegebenenfalls die Laufinie verlässt und der Parcours nicht gelaufen werden kann. Deshalb kann man ein neues Markerwort aufbauen, bei dem die Belohnung immer in Laufrichtung des Hundes bzw. vor dem Hund gegeben wird. Spätestens beim Training mit Parcours erschließt sich der Sinn dieses neuen Markerwortes ganz von selbst.

Bodentarget

Zu den Hilfsmitteln gehört beispielsweise der Aufbau eines Bodentargets, bei dem der Hund lernt, sich von seinem Halter zu lösen und zu einem Target zu laufen. Als Target könnte man

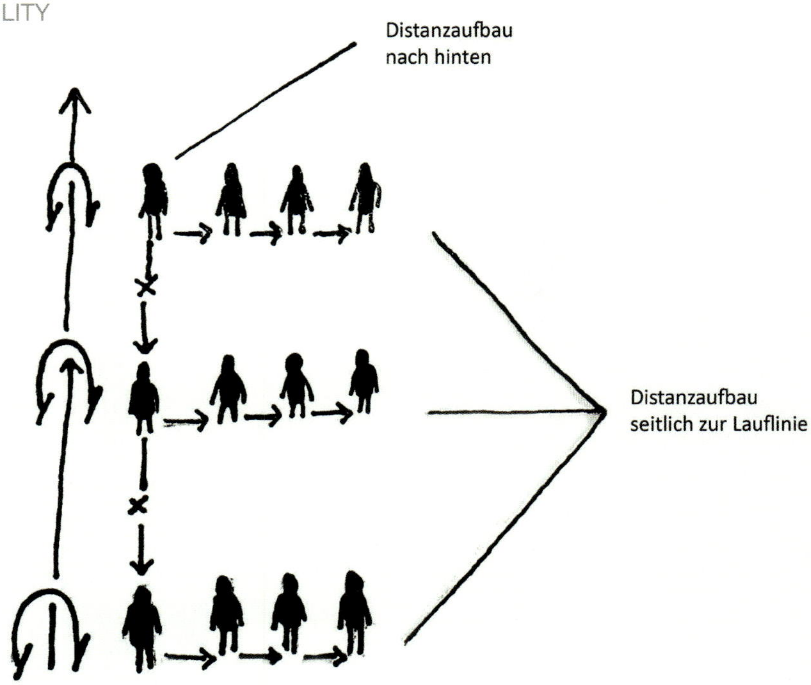

Trainingsaufbau von variablen Führpositionen. (Abbildung: M. Utech)

zum Beispiel eine Frisbeescheibe nutzen. Im ersten Schritt könnte man die Scheibe präsentieren und einen ersten Blick zur Scheibe belohnen. Der Belohnungspunkt, also die Stelle, an der die Belohnung (z. B. ein Leckerchen) gegeben wird, ist direkt an der Frisbeescheibe. Als Nächstes könnte man die Annäherung des Hundes an das Target belohnen, und als weiterer Schritt wäre das Berühren mit der Nase möglich. Hat der Hund gelernt, dass die Scheibe bzw. das Target etwas mit der Belohnung zu tun hat, kann man es Schritt für Schritt immer tiefer halten, sodass es letztendlich auf dem Boden liegt und der Hund es dort berühren kann. Wenn man im Trainingsplan so weit ist, dann kann man damit beginnen, das Target immer weiter weg zu legen, sodass der Hund lernt, es auch auf größere Distanz anzusteuern und zu berühren. Am Anfang kann man das Target einfach werfen, später sollte der Hund lernen, sitzen zu bleiben, während der Hundehalter es auslegt, und erst auf ein Freigabesignal oder ein Hindeuten auf das Target zu starten.

Hoops durchlaufen

Hat der Hund das erst mal gelernt, so ist das Target zum Aufbau eines Hoops und des Tunnels gut geeignet. Man kann das Frisbee nun hinter einen Hoop legen, sodass der Hund durch den Hoop laufen muss, um zum Frisbee zu gelangen. Nach und nach wird das Target abgebaut, indem es immer weiter entfernt vom Hoop ausgelegt wird, bis man es schließlich ganz weglässt und der Hund es schafft, den Hoop zu durchqueren, wenn kein Target mehr vorhanden ist.

Zu Beginn befindet sich der Hundehalter direkt neben dem Hoop und kann schnell belohnen, wenn der Hund es schafft, durch den Hoop zu laufen. Wenn der Hund es nun schafft, auf ein Freigabesignal wie „Okay“ oder mithilfe eines Sichtzeichens (Hundehalter zeigt auf den Hoop) die Übung auszuführen, so kann ein Wortsignal eingeführt werden. Man kann entweder das Durchlaufen des Hoops benennen, oder man baut ein allgemeines Laufsignal auf, das dem Hund sagt, er soll ein Gerät anlaufen, das sich vor ihm befindet. Wichtig hierbei ist, dass erst das Wortsignal wie „Vor“ gesagt wird und erst danach das Sichtzeichen bzw. Freigabesignal kommt. Hält man die Reihenfolge neues Signal vor altem Signal ein, so lernt der Hund nach einigen Wiederholungen, den Hoop nur auf Wortsignal zu durchqueren, und man kann das Sichtzeichen bzw. das Freigabesignal weglassen.

Geräte und Richtungssignale

Die verschiedenen Geräte werden zunächst alle ohne große Distanz zueinander aufgebaut, und man kann verschiedene Trainingstechniken dafür verwenden. Ich habe die Erfahrung gemacht, dass über Locken die Geräte am effektivsten und schnellsten aufgebaut werden können. So kann man die Tonne wunderbar aufbauen, indem man den Hund im ersten Schritt mit einem Leckerchen um die Tonne lockt und ihm dann am Schluss das Leckerchen für das Umrunden der Tonne gibt. Nach und nach wird das Leckerchen abgesetzt, und der Hund kann die Tonne auch dann umrunden, wenn in der Lockhand kein Leckerchen mehr vorhanden ist. Am Schluss reicht ein minimales Handzeichen, und der Hund umrundet die Tonne. Auch hier wird wieder ein Wortsignal eingeführt, um den Hund später im Parcours ruhig führen zu können, ohne dass vom Hundehalter zu viel Bewegung ins Spiel gebracht wird. Unsere Hunde beobachten uns sehr genau und bekommen jede noch so kleine Bewegung unsererseits mit. Beim Laufen eines Parcours ist das nicht immer von Vorteil, zu viel Gefuchtel kann dazu führen, dass der Hund die Lauflinie verlässt oder ihm unklar ist, was wir eigentlich von ihm wollen.

Beim Hoopers-Agility werden auch verschiedene Richtungssignale aufgebaut.

Manche Trainer setzen auf einen Aufbau von rechts und links, ich habe allerdings die Erfahrung gemacht, dass es für viele Hundehalter (mich eingeschlossen) sehr schwierig ist, damit zu trainieren, denn der Hund läuft ja nicht immer nur in eine Richtung, und es wird schnell kompliziert, wenn man als Halter erst überlegen muss, von wo aus jetzt für den Hund rechts bzw. links ist. Einfacher gestaltet sich das Training, wenn man mit einem Signal arbeitet, das dem Hund sagt, er soll zu uns abbiegen, und mit einem anderen, das den Hund von uns wegschickt. Weitere Richtungssignale sind das Umrunden von einem Gerät, das Geradeauslaufen, das Außen-an-einem-Gerät-Entlanglaufen und das Ignorieren von Verleitungen bzw. ein An-den-Verleitungen-geradeaus-Vorbeilaufen.

Distanz vergrößern

Wenn man das Durchqueren bzw. das Umrunden der Geräte aufgebaut hat und der Hund dies auch nur auf Wortsignal ausführen kann, dann wird Schritt für Schritt mit Distanz gearbeitet. Man kann nun den Abstand des Hundes zu einem Gerät vergrößern, sodass er es auch schafft, einen Hoop zu durchqueren, wenn er aus zehn Metern Entfernung startet. Da für Hunde durch jede noch so kleine Veränderung einer Übung ein völlig neues Bild entstehen kann, ist es wichtig, dass auch der Hundehalter seine Position kleinschrittig verändert. Hat der Hund beispielsweise gelernt, aus zehn Metern Entfernung einen Hoop zu durchqueren, wenn der Hundehalter neben dem Hoop steht, heißt das nicht, dass er das automatisch auch ausführen kann, wenn der Hundehalter plötzlich neben dem Hund steht und das Signal für das Durchqueren des Hoops gibt. In meiner Ausbildung zur Hundetrainerin habe ich gelernt, dass man am besten immer nur ein Kriterium pro Trainingsschritt verändern sollte. Beim Training an der Distanz beim Hoopers würde das bedeuten, dass man entweder die Position des Hundes schrittweise verändert oder die eigene Position, aber nicht beides gleichzeitig.

Geräte kombinieren

Hat man die Grundlagen aufgebaut und durch viele Wiederholungen gefestigt, kann man damit beginnen, die Geräte zu kombinieren. Hierbei hat sich ein Rückwärtsaufbau als sehr vorteilhaft erwiesen. Nehmen wir an, der Hund hat bereits gelernt, einen Hoop aus größerer Distanz zu durchqueren, wenn der Hundehalter links neben dem Hoop steht. Dann kann man einen zweiten Hoop in einer Geraden und circa sieben Meter (oder mehr) entfernt vom ersten Hoop aufstellen. Nun lässt man den Hund erst einmal den ersten Hoop laufen und belohnt direkt nach dem Durchqueren dieses Hoops. Danach setzt man den Hund hinter dem zweiten Hoop ab und begibt sich wieder links neben den ersten Hoop. Nun kann man den Hund entweder mit einem allgemeinen Laufsignal durch die beiden Hoops leiten, oder man benennt das Durchqueren der Hoops mit einem anderen Signal. Hat man die Hoops benannt, dann könnte man „Hoop" für Hoop 1 sagen und noch einmal für Hoop 2. Hat der Hund beide Hoops durchquert, gibt man das Markerwort, welches eine Belohnung in Laufrichtung des Hundes ankündigt. Mit diesem Rückwärtsaufbau kann man beliebig viele Hoops in einer Geraden kombinieren und auch andere Geräte einbauen. Wichtig ist nur, dass immer nur ein Kriterium pro Trainingsschritt verändert wird. Der Rückwärtsaufbau kommt auch in vielen anderen Hundesportarten und -trainings vor. Der große Vorteil ist hierbei, dass der Hund vom Unbekannten immer ins Bekannte läuft und so die Wahrscheinlichkeit sehr groß ist, dass er die Übung meistert. Das Kombinieren von verschiedenen Geräten und später auch Richtungen wird Sequenztraining genannt. Beim Training mit Sequenzen kommt auch der eigenen Position eine Bedeutung zu, denn auch die Führposition kann variieren und er-

Diese Geräte kommen beim Hoopers-Agility zum Einsatz. (Foto: M. Utech)

gibt somit für den Hund ein jeweils anderes Bild. Um das Ganze zu veranschaulichen, habe ich eine Skizze angefertigt, in der man die verschiedenen Führbereiche bzw. Positionen des Hundehalters erkennen kann.
Man sieht drei Hoops, die in einer Geraden aufgestellt sind. Der Hund hat nun gelernt, diese drei Hoops zu durchqueren, wenn sich der Hundehalter rechts neben dem letzten Hoop (ganz links oben) befindet. Um die Führposition zu variieren, kann sich der Hundehalter im nächsten Schritt beispielsweise zwischen den letzten Hoop und jenen in der Mitte positionieren. Schafft der Hund es auch von hier aus, die Gerade aus Hoops zu laufen, wird er belohnt und man geht zum nächsten Schritt über.
Wie schnell der Führbereich nach hinten variiert werden kann, sagt uns der Hund. Hatte er bei einem Schritt Schwierigkeiten, dann geht man einfach einen Schritt zurück, zu dem Schritt, wo alles noch gut geklappt hat. Das Gleiche gilt für den Distanzaufbau seitlich zur Lauflinie, auch hier wird die Führposition Schritt für Schritt zur Seite variiert, zuerst vom letzten Hoop aus, dann von dem in der Mitte und schließlich von dem ganz hinten aus.
Wichtig zu wissen ist, dass man immer Zwischenschritte einbauen kann. Sollte ein Schritt für den Hund zu groß gewählt sein, so kann man einfach einen Zwischenschritt machen, indem man den Abstand nach hinten oder auch zur Seite etwas kleiner gestaltet, als im Trainingsplan eigentlich vorgesehen war.
Hat man die erste Reihe aus Hoops trainiert und kann der Hund die Sequenz auch laufen, wenn der Hundehalter seine Führposition variiert, dann könnte man als Nächstes andere Geräte wie den Tunnel einbauen. Voraussetzung ist, dass der Tunnel schon auf Distanz und Wortsignal aufgebaut wurde.
Bei jeder neuen Übung kann man den Führbereich zunächst so wählen, dass es dem Hund leichtfällt, die Sequenz zu meistern. In dem Beispiel mit der Reihe könnte man statt des letzten Hoops einen Tunnel platzieren und sich direkt neben dem Tunnel aufstellen. Nun wird der Hund vor den ersten Hoop gesetzt und man stellt sich vorn neben den Tunnel. Mit den Signalen „Vor" für den ersten Hoop, dann einem erneuten „Vor" für den Hoop in der Mitte und anschließend dem Signal für den Tunnel leitet man den Hund nun durch die Sequenz, und sobald er den Tunnel durchquert hat, sagt man das neue Markersignal wie „Schnapp's dir" und belohnt in Laufrichtung des Hundes.
Auch bei dieser Sequenz werden die unterschiedlichen Führbereiche des Hundehalters Schritt für Schritt variiert. Das Üben von Sequenzen, in denen sich die Geräte nicht in einer Linie befinden, sondern zunächst einen Bogen haben und später dann auch mehrere, gehört ebenso zum Hoopers-Agility-Training.
Besonders wichtig ist auch der schrittweise Aufbau der verschiedenen Richtungssignale, die man sehr schön an zwei Pylonen und/oder an zwei Tonnen üben kann. Wie schon erwähnt, kann man zum einen ein Signal aufbauen, das den Hund zum Hundehalter abbiegen lässt, und ein weiteres, das den Hund vom Hundehalter wegschickt. Der Aufbau der Richtungssignale kann wunderbar durch anfängliches Locken mit Leckerchen (zum Hundehalter hin und vom Hundehalter weg) erfolgen. Hierbei sind die Pylonen oder auch zwei Tonnen sehr hilfreich, da man den Hund um die Tonnen/Pylonen entweder zu sich heranführen kann oder auch um eine Tonne herum von sich wegschicken kann. Schritt für Schritt lässt man die Leckerchen zum Locken weg und führt den Hund dann nur noch mit der leeren Hand von sich weg oder zu sich hin. Auch die Lockhand wird kleinschrittig abgebaut, sodass die Sichthilfe weniger wird. Zum Schluss wird ein Wortsignal für die Wegdrehung eingeführt und eines für das Abbiegen zum Hundehalter. Auch diese beiden Richtungssignale werden auf Distanz trainiert.
Man kann beim Hoopers-Training verschiedene Sequenzen trainieren und diese dann zu einem ersten kleinen Parcours zusammensetzen, oder man setzt allgemein auf den Rückwärtsaufbau und erarbeitet sich so Schritt für Schritt gemeinsam mit dem Hund erste kleine Parcours. Das Training mit Verleitungen gehört ebenfalls dazu und bedeutet, dass der Hund beispielsweise eine kleine Sequenz läuft, in der auch andere

Aufbau des Slaloms.
(Foto: B. Zwengel)

Hoopers-Agility ist eine tolle Sportart für Seniorhunde.
(Foto: shutterstock.com / DJaeger Photography)

Geräte aufgestellt werden, die der Hund ignorieren bzw. nicht anlaufen soll. Ist das Mensch-Hund-Team im Training so weit fortgeschritten, dass kleine Parcours im Rückwärtsaufbau oder das Zusammensetzen von Sequenzen sehr gut funktionieren, dann kann sich das Team an sogenannten Spontanläufen versuchen. Hierbei wird ein den Fähigkeiten des Teams entsprechender Parcours aufgebaut und ein passender Führbereich für den Hundehalter gewählt. Im Anschluss wird der Hund durch diesen Parcours geführt, ohne dass vorher an Sequenzen trainiert wurde.

Belohnungen

Um den Hund beim Hoopers-Agility-Training richtig belohnen zu können, ist neben dem Aufbau des Signals, das dem Hund sagt, dass er in Laufrichtung belohnt wird, ebenfalls wichtig, dass die Belohnung auch als solche wahrgenommen wird und für den Hund eine bestimmte Wertigkeit besitzt. Wie bei jedem guten Hundetraining wird also zuerst geschaut, welche Wertigkeit bestimmte Belohnungen für den Hund besitzen, und man kann dann weniger wertige für einfache Übungen einsetzen und hochwertige für schwierige bzw. anspruchsvolle Übungen. Dabei sollte man berücksichtigen, dass sich die Wertigkeit einer Belohnung auch im Lauf des Trainings verändern kann.
Für den Aufbau von Hilfsmitteln und Grundlagen, bei denen es noch nicht um größere Distanzen geht, kann man beispielsweise Leckerchen einsetzen. Hierbei habe ich die besten Erfahrungen gemacht, wenn man unterschiedliche Sorten wählt und der Hund vorher nicht weiß, welches Leckerchen er für die verschiedenen Übungen bekommt. Dieser „Überraschungseffekt" kann sich sehr motivierend auf den Hund auswirken. Meist werden beim Training auf Basis der positiven Verstärkung sehr kleine Leckerchen eingesetzt, um möglichst viele Wiederholungen durchführen zu können. Beim Hoopers-Agility bietet es sich an, die Leckerchen etwas größer zu wählen, da man sie nicht aus der Hand verfüttert, sondern beim Fortschreiten der Übungen meist wirft. Ein weiteres Kriterium zur Belohnung mit Leckerchen beim Hoopers-Agility ist die Sichtbarkeit. Die Leckerchen sollten gut sichtbar sein, damit der Hund sie direkt im Anschluss an eine Übung findet und nicht erst erschnüffeln muss.
Während das Belohnen über Leckerchen in den Anfängen des Hoopers-Agility-Trainings sehr gut funktioniert, muss man, wenn die Distanzen größer werden, auf alternative Belohnungsmöglichkeiten umsteigen, da man Leckerchen in der Regel nicht sehr weit werfen kann. Hunde, die sich über Spielzeug motivieren lassen und beispielsweise ihren Ball lieben, haben einen Vorteil beim Hoopers-Training, da man das Spielzeug direkt zum Belohnen einsetzen kann. Hunde, die sich nur wenig oder gar nicht für Spielzeug interessieren, müssen zuerst vom Gegenteil überzeugt werden, was durch eine einfache Übung ganz gut erreichbar ist (Link zum Video: www.youtube.com/watch?v=q3FkAIxR0FQ), oder man setzt auf eine Kombination zwischen Spielzeug und Leckerchen. Im Handel gibt es mittlerweile einige Spielzeuge, die man mit Futter befüllen kann. Sie müssen sich nur zum Werfen eignen, und der Hund sollte sie selbst öffnen können. Um diese Art von Belohnung in das Hoopers-Training zu integrieren, muss der Hund zunächst lernen, wie er das Spielzeug öffnen kann und dass es sich für ihn auch lohnt, wenn das gefüllte Spielzeug geworfen wird.

Hoopers in Hundeschule

Wenn man als Hundetrainer*in überlegt, Hoopers-Agility in der eigenen Hundeschule anzubieten, dann sollte man über ein Trainingsgelände ab circa 500 m² Fläche verfügen. Die Grundlagen und Hilfsmittel kann man sehr schön auch mit weniger Platz aufbauen. Beim Hoopers-Agility gilt: Umso größer der Platz, umso besser kann trainiert werden und umso mehr Variationsmöglichkeiten hat man beim Gestalten der Parcours. Für den Start der Trainingsstunden kann man zum Beispiel in zehn Hoops, zwei Tunnel, vier Tonnen und zwei Gates investieren. Wer gern bastelt und ein wenig sparen möchte, kann die Hoops auch selbst herstellen. Im Internet gibt es mehrere Anleitungen, die benötigten Materialien sind alle im Baumarkt erhältlich. Um als Trainer*in das tolle Training auf Distanz lehren zu können, sollte man natürlich selbst Erfahrungen in dem Hundesport machen. Es gibt mittlerweile zahlreiche Workshops und auch tolle Onlinekurse, die Hundetrainer*innen im Bereich Hoopers-Agility fit machen, damit sie ihren Kunden bestmögliches Training anbieten können. Es gibt auch die Möglichkeit, die Zusatzqualifikation für Hundetrainer*innen im Bereich Hoopers-Agility in drei Modulen bei Michael Kroner zu absolvieren. Da ich selbst an dieser Zusatzqualifikation teilgenommen habe, kann ich sie zukünftigen Hoopers-Agility-Trainer*innen sehr empfehlen.

Wenn man sich als Hundetrainer*in im Bereich Hoopers nun fit genug fühlt, um interessierte Mensch-Hund-Teams anzuleiten, so kann man zunächst Schnupperstunden anbieten, damit sich Mensch und Hund mit dem tollen Training auf Distanz vertraut machen können. Ich habe die Erfahrung gemacht, dass Menschen sich unter dem Begriff Hoopers-Agility manchmal nur schwer etwas vorstellen können, und selbst wenn sie es einmal etwa in einem Video gesehen haben, bleiben viele Fragen offen. Auch habe ich des Öfteren erlebt, dass Leute, die anfangs skeptisch waren, ob diese Hundesportart etwas für sie und ihren Hund wäre, nach nur einer Stunde begeistert waren und unbedingt weitertrainieren wollten. Als zukünftige*r Hoopers-Agility-Trainer*in kann man auch Workshops anbieten, die aus einem Teil Theorie und einem Teil Praxis bestehen. So können die Teilnehmer das Gelernte gleich ausprobieren und besser einschätzen, ob es zu ihnen und ihrem Hund passt. Das Tolle am Hoopers ist auch, dass nahezu jeder Hund teilnehmen kann, egal ob er alt ist oder jung. Und wenn es keine medizinischen Einwände gibt, sogar ein Hund mit Handicap. Anders als beim Agility geht es nicht um Geschwindigkeit, sodass auch langsamere Hunde sehr viel Spaß beim Training haben können. Das Gleiche gilt für die Hundehalter. Da sie den Hund aus einem Führbereich durch den Parcours leiten können, müssen sie nicht sonderlich sportlich sein, und auch ältere Menschen können ihre Hunde durch Hoopers-Agility erfolgreich und mit viel Freude auslasten. Es handelt sich also um eine Hundesportart, die für Jung und Alt gleichermaßen geeignet ist. Auch für Turnierbegeisterte gibt es mittlerweile zahlreiche Möglichkeiten, an Wettkämpfen teilzunehmen, sich mit anderen zu messen und die eigenen Fortschritte bewerten zu lassen. Hoopers-Agility ist eine Hundesportart mit großem Fun-Faktor, lastet den Hund körperlich sowie geistig aus und ist für sehr viele Mensch-Hund-Teams umsetzbar.

Hoopers-Agiliy-Onlinekurse

Gemeinsam mit meiner Kollegin Brigitte Zwengel von der Hundeschule Fairbindung Mensch-Hund habe ich Onlinekurse erstellt, die für Einsteiger und Fortgeschrittene geeignet sind. Zudem haben wir zwei Kurskonzepte für Hundetrainer*innen im Angebot, die sich an zukünftige Hoopers-Trainer*innen richten und das Planen und Umsetzen von Kursstunden sowie das eigene Training erleichtern. Unsere Onlinekurse zeichnen sich durch die einfache Umsetzung, kleinschrittiges Training auf Basis positiver Verstärkung, viele Schritt-für-Schritt-Videos sowie umfangreiche Trainingspläne aus.
www.hoopers-agility-training.de

MARLEEN **UTECH …**

(Foto: Archiv Utech)

… ist zertifizierte Hundetrainerin und hat die Ausbildung an der Tierakademie Scheuerhof absolviert. Knapp drei Jahre hat sie in einer Berliner Hundeschule auf Basis positiver Verstärkung gearbeitet und zahlreiche Kurse zu Themen wie Alltagstraining, Nasenarbeit, Hundesport und Beschäftigung geleitet. Auch die Vorbereitung von Mensch-Hund-Teams auf den IBH-Hundeführerschein gehörte zu ihren Aufgaben. Zudem hat sie zahlreiche Fortbildungen besucht und unter anderem die Zusatzqualifikation im Bereich Hoopers-Agility in drei Modulen abgeschlossen. Seit Anfang 2020 hat sie sich unter dem Namen Marleen Utech – Positives Tiertraining selbstständig gemacht und bietet Onlinekurse für Hundehalter*innen und Hundetrainer*innen an. Marleen Utech ist Autorin bei Easy Dogs und lebt mit ihren beiden Hunden Lilly und Smilla in Berlin.

www.marleenutech.de und www.hoopers-agility-training.de

NEUE FORSCHUNGS-ERGEBNISSE MIT FUNKTIONALER MRT

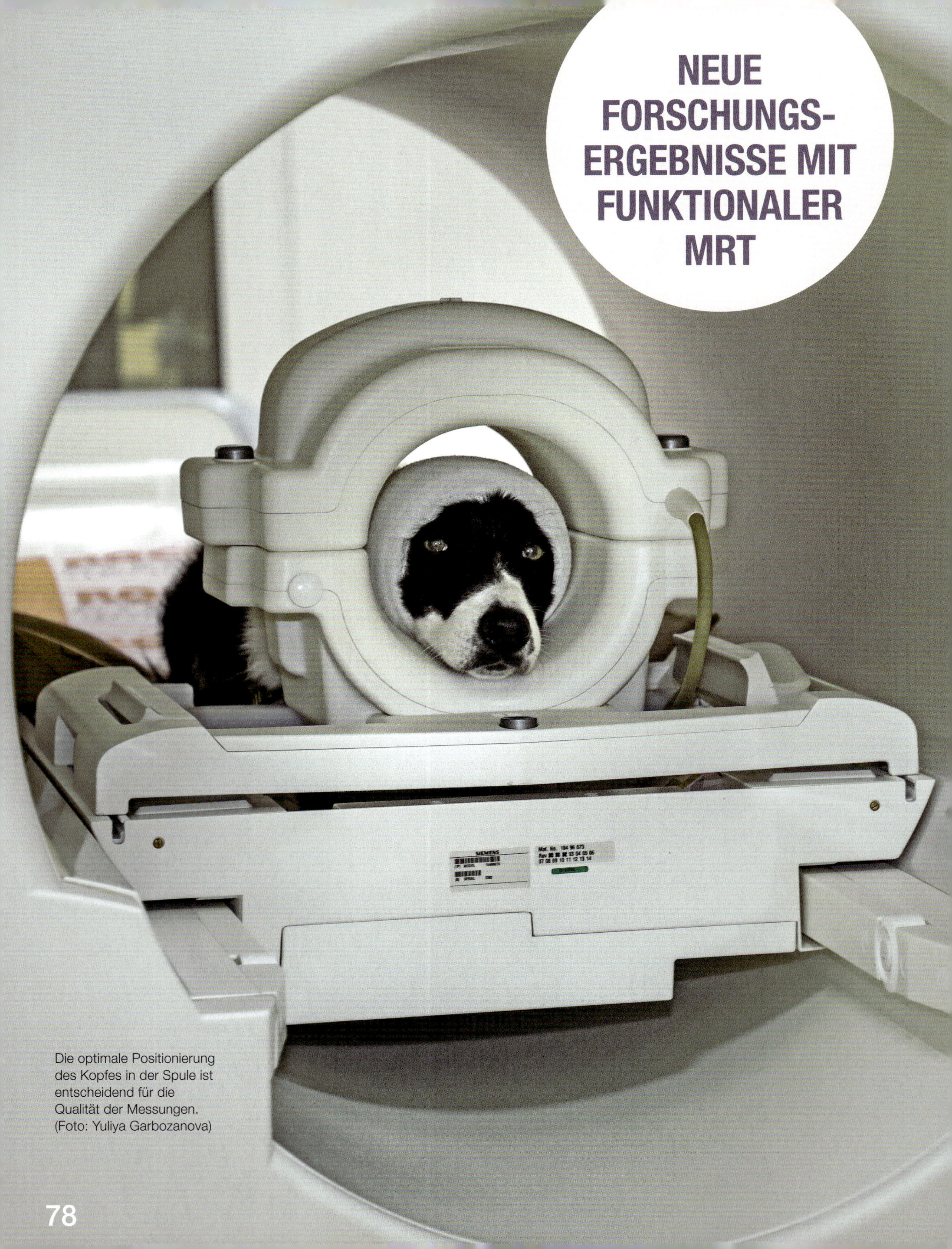

Die optimale Positionierung des Kopfes in der Spule ist entscheidend für die Qualität der Messungen. (Foto: Yuliya Garbozanova)

WENN DIE ARBEIT DES GEHIRNS SICHTBAR WIRD

Hund und Mensch verbindet seit Jahrtausenden eine einzigartige Partnerschaft. Fragen nach den Ursachen und Mechanismen dieser engen Bindung beantworten wir dabei zunehmend in einem neuen wissenschaftlichen Kontext, und die Zeit, als wir dies ausschließlich in emotionsreichen und anekdotisch dominierten Diskussionen auf der Hundewiese erörterten, liegt längst hinter uns. Denn neben Verhaltensforschung und kognitionsbiologischen Studien ist es heute vor allem die Hirnforschung, die dank fortschreitender technischer Möglichkeiten immer wieder neue Belege für die biologischen Ähnlichkeiten zwischen Mensch und Hund sowie für die neuronalen Abläufe bei sozialen Interaktionen liefert. So gewinnen wir neue Erkenntnisse über die wesentlichen Grundlagen unseres gegenseitigen Verstehens und unserer engen emotionalen Bindung zueinander.

VON KERSTIN PIRIBAUER

All diese Aspekte wurden bisher vorrangig mit verhaltensbiologischen Studien wissenschaftlich untersucht, bevor in den vergangenen Jahren zunehmend Fragen um die Hirnprozesse, die ein Verhalten begleiten, in den Blickpunkt der Forschung traten. Dabei gehört die funktionelle Magnetresonanztomografie (fMRT) heute auch beim Hund zu den vielversprechenden Möglichkeiten der neurobiologischen Forschung. Diese nichtinvasive Methode aus der bildgebenden Diagnostik wird bei wachen Hunden angewendet, die während eines tierschutzgerechten Trainings gelernt haben, für wenige Minuten vollkommen ruhig, entspannt und aufmerksam im Scanner zu liegen. Dabei wird der erhöhte Energieverbrauch im Umfeld aktiver Nervenzellen gemessen und die Arbeit des Gehirns sozusagen sichtbar gemacht, indem aktive Hirnbereiche und deren Vernetzungen untereinander bildlich dargestellt werden. Erkenntnisse über diese Mechanismen im Hundehirn und über die neuronalen Reaktionen auf bestimmte Reize oder Erfahrungen können viel dazu beitragen, die einzigartige Verbindung zwischen Mensch und Hund zu erklären und sich den Grundlagen der guten Kommunikation und engen Bindung zwischen Mensch und Hund zu nähern.

Wiener Messerli-Forschungsinstitut setzt eigene Akzente

Aktuell widmen sich weltweit fünf Forschungszentren diesem Gebiet: seit 2017 auch ein großangelegtes Projekt des Messerli-Forschungsinstituts an der Veterinärmedizinischen Universität Wien zusammen mit der sogenannten Scan-Einheit der Psychologie an der Universität Wien (Prof. Claus Lamm und Team). Die funktionelle Magnetresonanztomografie soll hier Aufschluss über Hirnfunktionen geben, die mit sozialen Interaktionen zwischen Mensch und Hund zusammenhängen. Dabei geht die Arbeit in Wien, wo jüngst richtungsweisende Studienergebnisse publiziert wurden, einen wesentlichen Schritt über bisherige fMRT-Studien hinaus: „Wir haben in Wien erstmals Fragestellungen betrachtet, die über das rein sensorische Wahrnehmen hinausgehen", erläutert Ludwig Huber, Professor für Kognitionsbiologie am Messerli-Forschungsinstitut, den Ansatz. „Die bisherige Forschung in diesem Bereich beschäftigte sich primär mit der Wahrnehmung von akustischen Reizen, von Gerüchen oder von Handzeichen, die unterschiedliche Bedeutung hatten und dem Hund vermittelten, ob er eine Futterbelohnung bekäme oder nicht. Da sah man dann beispielsweise, dass mit der Aussicht auf Futter die Belohnungszentren im Hirn aktiv wurden. Wir wollten hingegen von Anfang an komplexere Vorgänge untersuchen, insbesondere Fragestellungen aus dem Bereich der Mensch-Hund-Beziehung und der Bindung des Hundes zum Halter." Da die Wiener Forschungsarbeit damit über die bisherigen eher der Übersicht dienenden Betrachtungen einzelner Hirnregionen hinausgeht und in sehr spezifische Zentren der emotionalen Verarbeitung vordringt, bedarf es technisch einer hohen Auflösung der Scans. „Wir sind inzwischen weltweit die Einzigen, die mit einer an die Anatomie des Hundekopfes angepassten Spule im Scanner arbeiten, die wir in Zusammenarbeit mit der Medizinischen Universität Wien entwickelt haben. So erreichen wir eine deutlich bessere Auflösung, das ist derzeit – das kann man so sagen – international einzigartig, und wir sehen jetzt in den ersten Auswertungen, dass sich der Aufwand lohnt", umschreibt Huber die technischen Voraussetzungen dieser Forschungsarbeit, die kontinuierlich verbessert werden.

Tests folgen strengen ethischen Grundsätzen

Das technische Equipment ist die eine Seite, die andere, ebenso mindestens zentrale Seite ist die Vorbereitung der an der Studie teilnehmenden Hunde auf die Tests im Scanner, denn deren Kooperation ist Grundvoraussetzung jeglichen Erfolgs. Sie sind die Hauptdarsteller, und ihnen gilt auch die besondere Fürsorge aller Beteiligten, sowohl in der Vorbereitungs- und Trainingsphase als auch während der Scans selbst. Müssen die Hunde bestimmte charakterliche Voraussetzungen mitbringen, damit sie überhaupt an dieser Studie teilnehmen können? „Der eigentlich limitierende Faktor ist eher die Größe des Hundes", erläutert Sabrina Karl, Biologin und Erstautorin dieser aktuellen Publikationen. „Die Spule, mit der wir die Gehirnaktivität messen, kommt ursprünglich aus dem humanmedizinischen Bereich und wird dort als Kniespule verwendet. Das ist dann sozusagen eine kleine Röhre, die für den Hund ideal ist, da er in einer angenehmen Körperposition den Kopf dort gut hineinlegen kann. Der Kopfumfang des Hundes sollte daher nicht mehr als 45 cm betragen, aber auch nicht zu klein sein, damit der Abstand zwischen Kopf und Spule nicht zu groß ist und die Signale sich verschlechtern. Wir unternehmen natürlich alles, damit sich die Hunde im Scanner wirklich wohlfühlen und gern dort liegen. Um diese Anforderung zu erfüllen, müssen sie nicht unbedingt ein ruhiges Temperament haben, wir arbeiten auch mit wesensmäßig eher aufgeregten Hunden, aber diese müssen beim Training kooperativ sein und Freude daran haben, eine Aufgabe, die ruhige Konzentration erfordert, auszuführen. Die Hunde müssen für einen Zeitraum von fünf Minuten wirklich vollkommen ruhig im Scanner liegen, anderenfalls kann man die Daten nicht verarbeiten. Wenn ich merke, dass ein Hund so gar keine Freude daran hat oder es ihn einfach gar nicht interessiert, sodass er vielleicht nur einschlafen würde, dann macht es natürlich auch keinen Sinn, ihn in die Studie zu integrieren. Wir würden so auch keine verwertbaren Daten bekommen, denn dann messen wir eventuell nur das Missfallen an der Situation. Prinzipiell kann man viele Hunde gut für diese Aufgabe trainieren, und alle fanden es toll, dass man hier mit Würstchen bezahlt wird."
Dass die Wiener Trainingsmethoden auch im internationalen Vergleich hervorragend sind, das hebt auch Ludwig Huber hervor. Er verweist darüber hinaus auf die permanenten Kontrollen durch die universitären Ethikkommissionen: „Wir haben uns wirklich um ein sehr hundeschonendes langsames Training und Gewöhnen an diese für den Hund eher ungewöhnliche Situation bemüht. Die Vorbereitungsphase dauert für den einzelnen Hund über ein halbes Jahr und führt in vielen kleinen Schritten zu dem Ziel, dass der Hund am Ende ganz allein, freiwillig und ohne Zwang auf diesen Tisch hinaufsteigt, den Kopf in die Spule steckt und sich in den Scannertunnel hineinschieben lässt. Die Hunde werden während des gesamten Vorgangs bei uns weder fixiert noch festgehalten – nicht einmal mit der Hand als Signal. Der Hund ist vollkommen frei und könnte jederzeit auch frei hinaussteigen. Das ist das Ergebnis

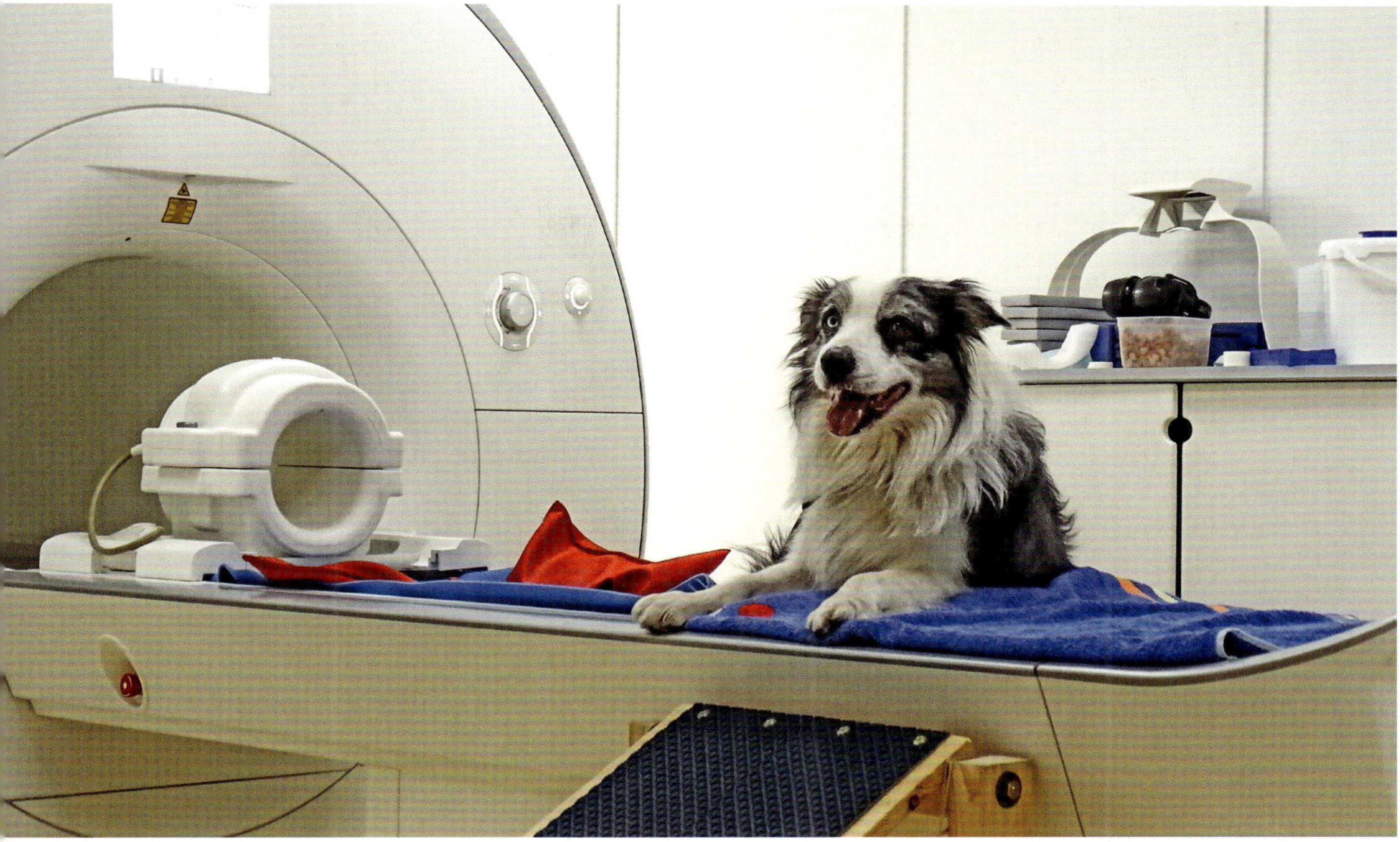

Sowohl beim Training als auch in der realen Testsituation werden die Leistungen der vierbeinigen Hauptdarsteller mit feinen Leckereien honoriert. (Foto: Magdalena Boch)

eines einfühlsamen Trainings, das in dieser Form sicher unvergleichlich ist. Zudem begleiten zwei Ethikkommissionen unsere Arbeit. Jedes Training und jeder Scan ist mittels Videoaufnahmen dokumentiert und kann von den Kommissionen stichprobenartig geprüft werden. Diese ethische Komponente ist uns ausgesprochen wichtig."

Wann die Amygdala alarmiert ist ...

Im Laufe der Domestikation wurden Hunde immer besser darin, die Körpersprache und das Verhalten des Menschen zu lesen und mit ihm zu kommunizieren. Wie aber deuten sie das Verhalten des Menschen gegenüber anderen Hunden? Das ist die zentrale Fragestellung der aktuell publizierten Studie der Wiener Forschungsgruppe. Ein Charakteristikum einer guten Partnerschaft ist die besondere Sensibilität gegenüber dem Verhalten seines Partners zu anderen. Wie reagiert man auf die Interaktion seines Partners mit anderen? Verhaltenstests mit Hunden, die ihren menschlichen Partner bei freundschaftlichen Handlungen mit einem anderen Hund sahen, zeigten wiederholt, dass diese darauf reagieren und sogar versuchen, dazwischenzugehen. Was aber fühlen Hunde in diesem Zusammenhang? Welche Prozesse laufen dabei auf neuronaler Ebene ab? Um sich diesen Fragen zu nähern, wurde in der aktuell publizierten Studie die Hirnaktivität von zwölf Haushunden mittels funktionaler Magnetresonanztomografie untersucht. Würden die im Scanner liegenden Hunde die in einem Video gezeigten Menschen als ihre Halter erkennen oder als fremde Person einordnen? Und würden sie deren jeweils positive soziale Interaktion, ein liebevolles Streicheln, von einer neutralen nichtsozialen Interaktion, einem einfachen tiermedizinischen Untersuchungsgang von Ohren und Zähnen, mit dem anderen Hund unterscheiden? Tatsächlich zeigten die MRT-Bilder unterschiedliche Hirnaktivitäten bei den vier Videos, und tatsächlich war es vor allem die positive soziale Interaktion des Halters mit einem fremden Hund, die die deutlichste Aktivitätszunahme in jenen Hirnarealen hervorrief, die als Teile des limbischen Systems an der Bewertung von Reizen und der Verarbeitung von Emotionen beteiligt sind. Die besondere Aktivität der Amygdala und der Insula während der Beobachtung der sozialen Interaktionsszenen zeigen eine starke physiologische Erregung, und die Vermutung ist naheliegend, dass der im Video gezeigte fremde Hund als mögliche Bedrohung der eigenen Bindung an den Halter wahrgenommen wird. Die zusätzliche erhöhte Aktivität im Hypothalamus, wenn der eigene Halter positiv sozial mit einem fremden Hund agiert, ist zudem ein deutlicher Hinweis darauf, dass die Hunde ihren Halter im Video tatsächlich erkannt haben und auf die freundliche Interaktion mit dem fremden Hund aufgeregter reagieren als auf die fremde Person oder die neutrale nichtsoziale Handlung.

Eifersucht beim Hund? So einfach ist es nicht!

Die aktuelle Wiener Studie bietet erste Einblicke in das Gefühlsleben von Hunden, wenn ihr menschlicher Partner mit einem fremden Hund interagiert – und einmal mehr scheint die Wissenschaft damit zu bestätigen, was viele Hundebesitzer „schon immer wussten": Hunde sind „eifersüchtig"! Aber kann man das wirklich so einfach behaupten? Die Wissenschaftler bleiben da zurückhaltend. „Man muss sehr vorsichtig sein, Parallelen im Fühlen zwischen Mensch und Hund zu ziehen", sagt Sabrina Karl. „Natürlich kann man allgemein sagen, dass die Hunde kognitiv auf dem Level eines Kleinkinds sind, ob eines zwei- oder vierjährigen, da gibt es verschiedene Ansichten. Und natürlich sind die Gehirne von Mensch und Hund sehr ähnlich, wir sind ja alle Säuger, aber selbstverständlich ist das menschliche Gehirn noch einmal deutlich weiterentwickelt und kann komplexere Dinge steuern. Es ist auch deswegen schwer zu vergleichen, weil der Hund seine Umwelt doch etwas anders wahrnimmt. Deswegen ist beispielsweise auch sein Riechhirn wesentlich stärker ausgebildet als unseres. Hundehirne sind auf die Lebensweise des Hundes ausgelegt. Aber auf der anderen Seite können Hunde wesentlich mehr, als man gemeinhin denkt. Das zu zeigen ist unser Ziel. Darüber hinaus ist zu beachten, dass gerade das limbische System, das Gefühle verarbeitet, evolutionsbiologisch sehr alt ist und daher bei Mensch und Hund Emotionen in gleicher Weise verarbeitet. Die Frage ist, in welchem Rahmen das stattfindet. Wir können den Hund ja nicht nach seinen Empfindungen fragen, wir können nur versuchen, so dicht wie möglich ranzukommen. Natürlich kann man die Reaktionen der Hunde in unseren Studien umgangssprachlich als „Eifersucht" interpretieren, aber ob es wirklich Eifersucht ist? Eifersucht ist ja schon eine sekundäre Emotion, wo wir noch gar nicht wirklich wissen, ob nichtmenschliche Tiere das überhaupt so empfinden können wie wir. Es gibt kein Eifersuchtsgesicht und auch kein Eifersuchtsareal im Gehirn. Man kann schauen, was im menschlichen Gehirn passiert, wenn der Mensch sagt, dass er Eifersucht empfindet. Wir können das mit den Aktivitäten im Hundehirn vergleichen, aber auch dann stellt sich die Frage, ob es dasselbe Areal im Hundehirn ist, das aktiv wird. Man kann das alles nicht eins zu eins vergleichen. Manches lässt sich nur vermuten. Sie können es uns nicht sagen."

Auch Huber bekräftigt: „Wir haben in unserer Arbeit das Wort Eifersucht vermieden, das wäre ein Überschreiten eines wissenschaftlich seriösen Vorgehens. Wir wollten sehen, ob sich die Hirnaktivitäten während der vier Videos mit vier verschiedenen Szenen unterscheiden. Und ja, es gibt diese Unterschiede. Wir haben erwartet, dass wir in der Situation ‚eigene*r Halter*in mit freundlicher Interaktion mit fremdem Hund' eine Hirnaktivität finden, die sich von den anderen deutlich unterscheidet. Und das haben wir auch gefunden. Das ist Fakt. Wir Menschen haben den Vorteil, dass wir uns verbal austauschen können und uns so viel vermitteln können, diese Möglichkeit haben wir mit Tieren nicht. Höherwertige Gefühle wie Eifersucht oder Scham hängen von verschiedensten Dingen ab, von Erfahrungen, von Kultur, vom Kontext, von der Bewertung einer Situation – das alles eingebettet in Bewusstsein, das ist das menschliche Gefühl. Wir wissen aber nicht, wie bewusst ein Tier ist, wenn es in der

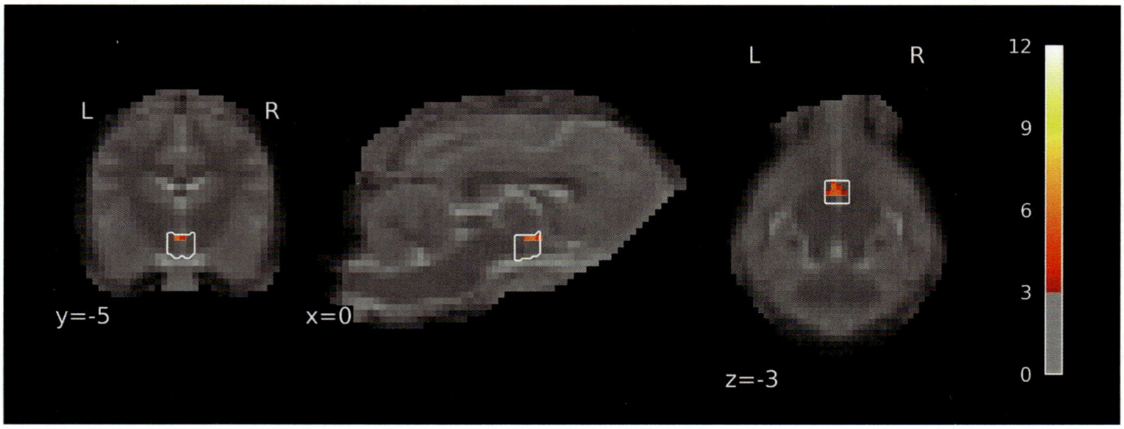

Während der positiven sozialen Interaktion des Halters mit einem fremden Hund zeigen die MRT-Bilder eine deutliche Aktivierung des Hypothalamus. (Foto: Messerli-Forschungsinstitut)

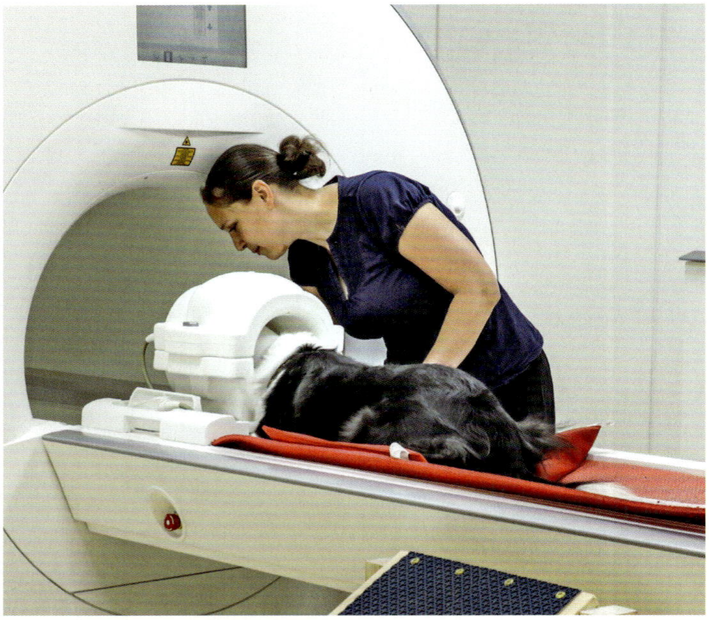

Nach einem ebenso umfassenden wie einfühlsamen Training arbeiten die Hunde ohne jegliche Fixierung freiwillig an der Studie mit – sie könnten jederzeit aufstehen und die Situation damit selbstständig beenden. (Foto: Yuliya Garbozanova)

Röhre liegt. Eifersucht ist ein Gefühl, wir beschreiben in der Wissenschaft aber das Verhalten bzw. jetzt aktuell die Hirnaktivität. Eifersucht wäre eine Wertung, die mir zu weit geht. Wir irren uns ja sogar manchmal, wenn wir anderen Menschen ein bestimmtes Gefühl zuschreiben. Man versucht natürlich heute mit allen möglichen technischen Tricks, auch in der Tierwelt Gefühle zu belegen.

Aber das alles sind nur Indikatoren für die darunterliegende Emotion. Das Schwanzwedeln selbst, die Herzfrequenz, das sind keine Gefühle, sondern Ausdruck von bestimmten Emotionen. Ich kann auch ein bestimmtes Gefühl haben, wenn ich ein Bild betrachte. Das hat mit Erinnerungen und Wertungen zu tun und kann sehr subtil sein, das sehen wir dem Menschen nicht an. Das Gefühl selbst und die Expression sind zwei verschiedene Dinge. Ein Gefühl ist ein Konstrukt einer Summe von Inzidenzen, das auf einem sozialen Übereinkommen basiert und das entsteht, weil wir darüber sprechen können. Das können wir mit Tieren definitiv nicht."

Diese wissenschaftliche Zurückhaltung richtet sich gegen allzu vermenschlichende Interpretationen in der Nähe von Anthropomorphismen, den Hunden deren Gefühle absprechen will sie freilich nicht. Im Gegenteil: „Die Aktivitäten, die wir gesehen haben, finden in den Bereichen des limbischen Systems statt, in der Amygdala, der Insula, im Hypothalamus. Der Hund reagiert also in jedem Fall emotional", fasst Sabrina Karl ihre Arbeit zusammen. „Wir sehen die Veränderungen der Hirnaktivität. Das bedeutet, dass die Videoszenen, die wir ihnen zeigen, irgendwas mit ihnen machen, aber die Interpretation ist menschlich. Das limbische System ist für Emotionen zuständig, und die Amygdala bewertet, was eine Bedrohung ist. Es könnte also sein, dass die positive soziale Interaktion im Video vom Hund als Bedrohung der Beziehung oder Bindung zum Halter empfunden wird, aber wir können nie genau sagen: Das habe ich gefunden und das hat diese fixe Bedeutung."

Forschung: hohe gesellschaftliche Relevanz

Ja, trotz dieser notwendigen Differenzierung ist auch die Wissenschaft überzeugt, dass der Hund ein fühlendes Wesen ist. Für die meisten Hundebesitzer ist es vermutlich unvorstellbar, dies überhaupt infrage zu stellen. Aber auch, wenn es noch so selbstverständlich erscheint, dass unsere vierbeinigen Lieblinge zu Hause mitdenken, unsere Gefühle und Emotionen unmittelbar erkennen und ihrerseits höchst emotional auf die unterschiedlichsten Situationen im alltäglichen Zusammenleben reagieren, so verbleiben doch all diese Berichte im anekdotischen Bereich. Erst unabhängige Studien, die mit wissenschaftlich anerkannten Methoden und unter wiederholbaren Bedingungen diese vermeintlichen „Selbstverständlichkeiten" nachweisen, verleihen Aussagen über die Fähigkeiten unserer Familienhunde, Gefühle zu erkennen und entsprechend zu reagieren oder selbst Gefühle zu zeigen, das notwendige Gewicht, um in der gesellschaftlichen Diskussion zu bestehen. Gerade hier leistet die Arbeit mit der funktionalen Magnetresonanztomografie wertvolle Arbeit zur Versachlichung derartiger zumeist hochemotional diskutierter Fragen. „Auch ich selbst fühle mich durch unsere Ergebnisse in meinen Gedanken oder Erwartungen oft bestätigt, aber es gibt sicher auch viele Menschen, die das nicht so sehen, die nicht sicher sind oder auch nicht so empathisch mit ihrem Hund umgehen, dass sie ihrem Hund beispielsweise in einer Angstsituation helfend zur Seite stehen", umschreibt Sabrina Karl die Bandbreite der Mensch-Hund-Beziehungen. „Für diese Menschen ist es wichtig zu lernen, dass auch ein Hund Gefühle hat, dass er Angst haben und traurig sein kann und eben nicht einfach ‚nur ein Hund' ist, der zu funktionieren hat. Es ist Aufgabe der Wissenschaft, in diesen Bereichen aufzuklären. Viele Verhaltensstudien zeigen, dass die Mensch-Hund-Beziehung ganz ähnlich zur Mutter-Kind- Bindung ist. Kinder sind gestresst, wenn die Mama weggeht, sie sind unsicher, wenn sie mit einem fremden Menschen allein zusammen sind. Genau diese Dinge konnte man auch beim Hund zeigen. Hunde fühlen in diesem Bereich sehr ähnlich und erfüllen genau die gleichen Bindungsparameter, die auch für den Menschen gelten. Von daher ist es eine spannende Frage, ob sich diese Ähnlichkeiten auch in den Hirnfunktionen finden. Und ja, es ist sehr ähnlich: Hunde verhalten sich tatsächlich ähnlich wie Kinder, was jetzt auch auf neuronaler Ebene gezeigt werden kann. Es ist wichtig, all das in die Hundehaltung einzubeziehen und Hunde entsprechend zu behandeln. Das Wissen, dass Hunde mehr verstehen und wahrnehmen, als wir lange Zeit dachten, und dass sie eben keine nichtfühlenden Objekte sind, betrifft durchaus auch Fragen des Animal Welfare."

Vom Welfare-Gedanken zur Würde

Schritt für Schritt entsteht so ein umfassendes Bild aus biologischem, neurowissenschaftlichem und evolutionsgeschichtlichem Wissen, das tierethischen Diskussionen eine naturwissenschaftliche Basis gibt. Nicht zuletzt wächst damit die ethische Verpflichtung zur umfassenden Beachtung innerartlicher Bedürfnisse und hat so durchaus Konsequenzen für das alltägliche Zusammenleben von Mensch und Tier. Dabei kann insbesondere die Hirnforschung neben entsprechenden Verhaltensstudien einen wesentlichen Beitrag dazu leisten, den Hund zwar nicht zu vermenschlichen, aber ihn in der Gesamtheit seines Wesens zu achten und so auch über den Welfare-Gedanken hinaus zu jener Würde zu verhelfen, die seiner Existenz „an sich" gerecht wird. Das Wissen um ähnlich funktionierende Gehirne schafft ein anderes Bewusstsein von Gemeinsamkeit als der Gedanke, dass ein Hund ein Hund und ein Mensch eben ein Mensch ist, und stellt die Gesellschaft vor neue ethische Herausforderungen. Wenn wir zunehmend erkennen, dass Hunde uns nicht nur weit ähnlicher sind, als wir bisher dachten, und dass sie hinsichtlich ihrer sozialen und kognitiven Fähigkeiten eine Komplexität erreichen, die ihnen jahrtausendelang abgesprochen wurde, muss man natürlich darüber nachdenken, welchen Einfluss dieses Wissen auf unseren Umgang mit ihnen hat. Über den bloßen Welfare-Gedanken hinaus stellen sich so die schwierigeren Fragen nach komplexen ethischen Konzepten, nach der Würde und dem inhärenten Eigenwert des Tieres – dem auch heute noch oft eine Instrumentalisierung gegenübersteht, die wir im ersten Moment zumeist gar nicht als solche wahrnehmen. Diese Probleme der Entwürdigung sind weit weniger offensichtlich und schwieriger zu fassen als vordergründige Welfare-Probleme. Zumindest ansatzweise stehen hier auch Fragen im Raum, die beispielsweise durchaus in Zusammenhang mit einigen Aspekten des gängigen Hundesport- und Ausstellungswesens gesehen und gedacht werden könnten.
Für den einen mögen all diese Gedankenansätze eine neuartige Sichtweise darstellen, vielleicht gar eine Einladung und Ermunterung, in neue Erfahrungswelten aufzubrechen. Für den anderen ist es die wissenschaftlich bestätigte Evidenz des eigenen Erlebens – je nachdem, an welcher Stelle wir selbst uns gerade auf dem Weg zwischen ethischem Anspruch und gelebter Realität befinden.

KERSTIN **PIRIBAUER ...**

(Foto: privat)

... teilt ihr Leben mit Boxern und züchtete diese Rasse von 2004 bis 2009 unter dem Dach der FCI. Seit ihrem Studium arbeitet sie als Autorin, Redakteurin und Dozentin. Daneben absolvierte sie zahlreiche Aus- und Fortbildungsmöglichkeiten im Bereich der Mensch-Hund-Beziehung sowie der Mind-Body-Lebenswissenschaften und widmet seit 2008 einen Teil ihrer publizistischen Arbeit dem Zusammenleben und der Gesundheit von Mensch und Tier.

www.kerstin-piribauer.at

(Foto: shutterstock.com / Jus O)

TIER-ARZNEIMITTEL-GESETZ

MASSIVER EINGRIFF IN DIE THERAPIEFREIHEIT

VON CHRISTIANE ROSE

Februar 2022 in einer deutschen Apotheke:
„Guten Tag, ich hätte gerne Arnica C30, als Globuli."
„Wofür brauchen Sie die denn?"
„Unser Rocky ist mit dem Labrador von nebenan zusammengerumst – jetzt hat er eine Prellung an der Schulter."
„Dann darf ich Ihnen das leider nicht geben. Laut Tierarzneimittelgesetz stellt die Verabreichung eines nicht für diese Tierart registrierten Präparats eine Ordnungswidrigkeit dar."
„Ja, aber, vor zwei Wochen haben Sie mir doch noch Nux vomica verkauft, als es Rocky nach der Zahnsanierung so übel war. Das hat wunderbar geholfen."
„Vor zwei Wochen war das Gesetz auch noch nicht in Kraft."
„Das heißt, ich muss jetzt extra zur Tierheilpraktikerin für das eine Kügelchen?"
„Nein, die darf das auch nicht verordnen. Es sei denn, der behandelnde Tierarzt verschreibt es und stellt eine schriftliche Behandlungsanweisung aus. Da gehen Sie am besten gleich zum Tierarzt."
„Aber der versteht doch gar nichts von Homöopathie!"
„Tja, ich könnte Ihnen ein sogenanntes Komplexmittel mitgeben. Das ist für Hunde und Katzen zugelassen und Arnica ist auch drin."
„Darf ich das mal sehen? Oh, da sind ja noch 13 andere Mittel drin! Aconitum, Belladonna – die heben doch die Wirkung von Arnica auf! Was soll ich denn damit?"
„Wenn Sie so gut informiert sind, dann frage ich mich, warum Sie von der neuen Gesetzeslage noch nichts wussten. Auf Wiedersehen."
„Halt, Moment! Der Labrador hat meine Enkelin auch angesprungen und jetzt hat sie einen dicken blauen Fleck am Oberschenkel. Also bitte einmal Arnica C30."
„Gerne. Das macht dann 10,69 Euro."

Dieser Dialog ist nicht an den Haaren herbeigezogen, sondern dürfte in dieser oder ähnlicher Form Realität werden. Grund dafür ist das Tierarzneimittelgesetz (TAMG), das nach sehr kurzer Beratungszeit im Sommer 2021 vom Bundestag beschlossen und vom Bundesrat verabschiedet wurde und am 28. 1. 2022 in Kraft tritt. Mit dem TAMG soll die ebenfalls im Januar 2022 in Kraft tretende EU-Tierarzneimittel-Verordnung in nationales Recht umgesetzt werden. Während diese EU-Verordnung bereits viel Wirbel wegen eines vermeintlichen Verbots der Anwendung bestimmter Antibiotika bei Haustieren auslöste, sind die Auswirkungen des TAMG den wenigsten Tierhalter*innen bekannt.

Was besagt das TAMG?

Bisher wurden Tierarzneimittel durch das Arzneimittelgesetz (AMG) geregelt, das die Verordnung und Abgabe verschreibungspflichtiger Arzneien unter tierärztlichen Vorbehalt stellte. Diese Regelung wurde im neu geschaffenen TAMG ausgeweitet, und zwar in § 50 Absatz 2 auf nichtverschreibungspflichtige Arzneimittel, die nicht explizit für Tiere registriert und zugelassen sind. Zu diesen rezeptfreien, apothekenpflichtigen Arzneien zählen u. a. Phytotherapeutika, Enzympräparate, Probiotika, die originalen Bachblüten, Blutegel, Schüßler-Salze und fast alle homöopathischen Einzelmittel. Werden sie in Zukunft von Tierhalter*innen am Tier angewandt oder von Tierheilpraktiker*innen (THP) verordnet, liegt eine Ordnungswidrigkeit vor, die mit einer Geldbuße bis zu 30.000 Euro geahndet werden kann. Die zugrunde liegende EU-Verordnung gibt diese Regelung nicht vor, der deutsche Gesetzgeber hat also weit übers Ziel hinausgeschossen.

Wozu soll das gut sein?

Wohlwollend betrachtet, könnte man meinen, diese Regelung diene dem Tierwohl. Bei den betreffenden Arzneimitteln handelt es sich um Präparate, die bisher nur für Menschen zugelassen wurden. Dazu gehören auch Medikamente, die eindeutig schädlich sind für Tiere, zum Beispiel viele Schmerzmittel. Die oben genannten alternativmedizinischen Arzneimittel haben sich allerdings seit Jahren bewährt und als sicher und wirksam bei Tieren erwiesen. Dass sie nicht das „ad us. vet."-Label tragen, also die Kennzeichnung als für Tiere zugelassene Präparate, liegt einzig daran, dass die Zulassung und Registrierung sehr zeit- und kostenintensiv ist und für jede Zieltierart separat erfolgen muss. Bei homöopathischen Einzelmitteln müsste sogar für jede einzelne Potenz das Zulassungs- und Registrierungsverfahren durchgeführt werden. Das kann sich kein Hersteller leisten, und es ist auch widersinnig, da Homöopathika bei Hund und Katze dasselbe Wirkprinzip haben wie beim Elefanten oder Menschen. Während die Anwendung bewährter Therapiemethoden kriminalisiert wird, können alle erdenklichen Wundermittel, die in einschlägigen Foren und auf Social-Media-Kanälen angepriesen werden, weiterhin im Internet bestellt und am Tier angewandt werden – solange sie als Nahrungsergänzungsmittel deklariert sind.

Geht es also tatsächlich um das Tierwohl? Im Gesetzentwurf heißt es: „Der Nutzen des Gesetzes besteht für Bürgerinnen und Bürger sowie für ***Wirtschaft*** und Verwaltung darin, das hohe Niveau des ***Gesundheitsschutzes von Mensch und Tier,*** das durch kohärente Rechtsvorschriften zu Tierarzneimitteln und hohe Qualitätsstandards für Tierarzneimittel sichergestellt wird, auch weiterhin aufrechtzuerhalten und bei der Entwicklung und ***Vermarktung*** von Tierarzneimitteln im Geltungsbereich dieses Gesetzes spürbare ***Effizienzgewinne*** zu erzielen." (Hervorhebungen durch die Autorin.) Mehr zu den wirtschaftlichen Hintergründen später.

Was bedeutet das Gesetz für Tierhalter*innen?

Nehmen wir ein praxisnahes Beispiel: Frau Schmidt ist Halterin mehrerer Hunde und hat sich in Seminaren und mithilfe von Fachliteratur einiges an Wissen über Tierhomöopathie angeeignet. Bei Unpässlichkeiten oder Zerrungen und anderen kleinen Verletzungen konnte sie in der Vergangenheit immer

Warum „klassische" Homöopathie?

Die Abgrenzung wurde erforderlich, als immer mehr Therapiemethoden entstanden, die sich mit dem Etikett „homöopathisch" schmückten, ohne den Prinzipien der Lehre Samuel Hahnemanns – des Begründers der Homöopathie – zu genügen. Klassisch homöopathisches Arbeiten bedeutet, eine gründliche Fallaufnahme unter Berücksichtigung aller individuellen Eigenheiten des Patienten zu machen und im Anschluss das passendste Arzneimittel zu suchen. „Passend" ist die Arznei, die beim Gesunden die ähnlichsten Symptome hervorrufen kann. Welche Arzneien was „können", wird seit mehr als 200 Jahren in Arzneimittelprüfungen am Menschen erforscht.

Die Prinzipien der Homöopathie sind somit die Erfassung des Patienten in seiner Gesamtheit und Besonderheit, die Arzneimittelprüfung und das Ähnlichkeitsprinzip. Das Potenzieren, also das Verreiben/Verschütteln und Verdünnen der Arzneistoffe, auf das die Homöopathie gern von ihren Kritikern reduziert wird, gehört nicht zwangsläufig zu diesen Prinzipien. Auch mit unverdünnten Ursubstanzen kann (sofern sie nicht giftig sind) eine homöopathische Behandlung erfolgen.

Das Aufspüren des passenden Mittels ist ein mühsames Unterfangen. Es verwundert nicht, dass es viele Versuche gab und gibt, die Methode zu vereinfachen, zum Beispiel durch das Kombinieren mehrerer Mittel, die alle irgendwie passen könnten (die sogenannten Komplexmittel). So verständlich diese Bemühungen sind, so wenig haben die Resultate mit der eigentlichen Homöopathie zu tun.

Das Tierarzneimittelgesetz wurde im Schnellverfahren im Bundestag beschlossen und wirft viele Fragen auf. (Foto: shutterstock.com / Bokehboo Studios)

schnelle Erfolge mit der Gabe von Globuli erzielen. Ihr Tierarzt lächelt nur müde, wenn sie davon berichtet, denn sein Mantra lautet: „Die Wirkung der Homöopathie geht nicht über den Placeboeffekt hinaus."

Was also, wenn sich nächstes Jahr einer von Frau Schmidts Hunden den Magen verdirbt und sie ihm das homöopathische Mittel verabreichen will, das in solchen Fällen schon oft hilfreich war? Dann muss Frau Schmidt, will sie legal handeln, einen Termin bei ihrem Tierarzt vereinbaren und ihn bitten, das Mittel zu verschreiben und eine schriftliche Behandlungsanweisung auszustellen. Es ist fraglich, ob er entgegen seiner Überzeugung dazu bereit sein wird. Einen aufgeschlosseneren Tierarzt zu suchen nützt Frau Schmidt auch nichts, denn der behandelnde Tierarzt muss die Verschreibung vornehmen.

Es stellt sich zudem die Frage, wie Tierhalter*innen überhaupt Kenntnis von der neuen Gesetzeslage erhalten sollen und wer das Ganze kontrollieren soll.

Folgen für Tierheilpraktiker*innen

Für einige THP ändert sich wenig. Wer mit Akupunktur, Bioresonanz oder Mykotherapie arbeitet, ist vom TAMG gar nicht betroffen. Bei THP mit Schwerpunkt Phytotherapie (Pflanzenheilkunde) sieht die Sache anders aus, denn auf apothekenpflichtige Fertigpräparate mit kontrolliertem Wirkstoffgehalt können sie nicht mehr zurückgreifen.

Am härtesten trifft das Gesetz klassisch homöopathisch arbeitende THP, die sich faktisch mit einem Berufsverbot konfrontiert sehen. Zu dieser Einschätzung kamen auch die Wissenschaftlichen Dienste des Bundestags: „Der geplante § 50 Gesetzentwurf […] könnte erhebliche Auswirkungen auf das Grundrecht der Berufsfreiheit aus Art. 12 Abs. 1 GG der Tierheilpraktiker haben. Wegen der europarechtlich nicht geforderten Regelung und der geringen zu erwartenden Vorteile für das Tierwohl könnte sie als

Häufig gibt es Alternativen zur bitteren Pille. (Foto: shutterstock.com / Aleksey Boyko)

unverhältnismäßig und damit nicht gerechtfertigt angesehen werden."
Bei der Beschlussfassung und Verabschiedung des Gesetzes wurde diese Stellungnahme nicht berücksichtigt.

Wieso werden tiertherapeutische Berufe im TAMG ignoriert?

Ebenso wenig berücksichtigt wurden sämtliche Bemühungen der Kooperation deutscher Tierheilpraktiker-Verbände e. V., auf die Unverhältnismäßigkeit der Regelung hinzuweisen.
Während auf der einen Seite überreguliert wird, fehlen auf der anderen Seite wichtige Regelungen. Die Berufe „Tierheilpraktiker*in" und „Tierphysiotherapeut*in" sind rechtlich nicht geregelt, es bedarf keines Nachweises über Ausbildung oder Fähigkeiten, um sie ausüben zu können. Auf diesen Missstand haben die Verbände ebenfalls mehrfach hingewiesen und konkrete Vorschläge zur Regulierung und Anerkennung gemacht, stießen jedoch auf taube Ohren. Vor dem Gesetz besteht somit kein Unterschied zwischen Laien und THP, die jede Menge Zeit und viele Tausend Euro in ihre Ausbildung investiert und vor einem Fachverband oder einer der Ausbildungsstätten eine anspruchsvolle schriftliche, mündliche und praktische Prüfung abgelegt haben.

Viel Lärm um nichts?

Nun soll es Menschen geben, die Alternativmedizin und insbesondere die Homöopathie für Humbug und somit für überflüssig halten. Diese Einstellung sei jedem unbenommen, sofern er oder sie sich tatsächlich eine eigene Meinung gebildet und nicht nur den medial vorherrschenden Tenor übernommen hat. Unübersichtlich ist die Lage allemal. Da hört und liest man einerseits ständig, dass Globuli nur Zuckerkügelchen ohne jede Wirkung seien. Andererseits gibt die EU-Bio-Verordnung Folgendes vor: „Phytotherapeutische und homöopathische Präparate sind chemisch-synthetischen allopathischen Tierarzneimitteln, einschließlich Antibiotika, vorzuziehen."
Im Detail auf die Studienlage zur Komplementär- und Alternativmedizin einzugehen würde den Rahmen dieses Artikels sprengen. Entsprechende Informationen finden sich in den unter „Quellen" aufgeführten Links.
Diejenigen, die eine evidenzbasierte Medizin für das Maß aller Dinge halten, sollten sich darüber im Klaren sein, dass auch die konventionelle Tiermedizin immer mehr in Schieflage gerät.

Versorgungsnotstand, Wirtschaftsmonopole

Nicht nur die Alternativmedizin steht unter Druck. Die veterinärmedizinische Versorgung unserer Haustiere unterliegt ebenfalls einem riskanten Wandel. In vielen Gegenden steht zum Beispiel kein Notdienst in der Nacht und am Wochenende mehr zur Verfügung, was bei Notfällen wie Magendrehungen fatale

Auswirkungen haben kann. Dazu kommt, dass durch die Corona-bedingte Haustierschwemme viele Tierarztpraxen am Limit arbeiten und keine neuen Kunden mehr annehmen.

Der gefährlichste Trend dürfte jedoch der Aufkauf zahlreicher Praxen und Kliniken durch Finanzinvestoren und Großkonzerne sein. So ist AniCura, eine Tochtergesellschaft von Mars, bereits mit 400 Kliniken und Praxen in Europa vertreten. Nestlé hat nachgezogen und sich bei IVC Evidensia eingekauft – laut eigener Aussage „die führende Tiermedizin-Gruppe in Europa".

Diese Global Player sind die weltweit größten Haustierfutterhersteller. Das ist in etwa so, als würden die großen Burger-Ketten in den Gesundheitssektor einsteigen und Arztpraxen und Krankenhäuser aufkaufen.

Ein weiteres Beispiel für eine Quasimonopolbildung ist die Übernahme der Tiermedizinsparte von Bayer durch das US-Unternehmen Elanco. Für diesen Deal hat Bayer 5,17 Milliarden US-Dollar in bar sowie 72,9 Millionen Stammaktien von Elanco erhalten. Elanco zählt sich jetzt zu den „Top 4 auf allen Hauptmärkten". Man muss die Strategien dieser internationalen Konzerne nicht im Detail kennen, um zu dem Schluss zu kommen, dass eines ganz sicher nicht in ihrem Interesse ist: das breitflächige Angebot wirksamer, nachhaltiger, preiswerter und nebenwirkungsfreier alternativer Therapien durch Nichtmediziner.

Auch wenn das Schlagwort „Tierwohl" im Marketing dieser Konzerne ganz vorn rangiert, dürfte es wie bei allen börsennotierten Unternehmen vorrangig um Profitmaximierung gehen.

Inwieweit eine Einflussnahme der jeweiligen Interessenvertreter bei den Entscheidern in Brüssel und Berlin eine Rolle spielt, lässt sich nur vermuten. Ein Lobbyregister wird in Deutschland erst Anfang 2022 eingeführt.

Ausblick

Auf dem Stand von Oktober 2021 (Redaktionsschluss) ist der Ausblick für die alternative Tiermedizin und insbesondere für die Tierhomöopathie düster. Abzuwarten bleibt, was der Klageweg bringt. Aber selbst wenn in Karlsruhe zugunsten der THP geurteilt werden sollte, ist der Schaden für die Tierhomöopathie längst entstanden. Bereits jetzt gibt es viel zu wenig Nachwuchs, da viele THP die Mühen einer homöopathischen Ausbildung scheuen. Die durch das TAMG geschaffene Unsicherheit dürfte die wenigen Interessierten endgültig abgeschreckt haben. Die Kolleginnen und Kollegen jedoch, die teilweise seit Jahrzehnten erfolgreich ihre tierischen Patienten mit Homöopathie behandeln, werden nicht ohne Weiteres aufgeben.

Dann sind da noch die vielen Menschen, die die Verantwortung für ihre vierbeinigen Gefährten nicht an der Rezeption abgeben, sondern sich informieren, Dinge hinterfragen und sich aktiv für Therapievielfalt einsetzen. Eine Möglichkeit von vielen besteht darin, die Petition des Bundesverbands klassischer Tierhomöopathen Deutschlands e. V. zu unterzeichnen: www.openpetition.de/tamg2022

Die Gesundheit unserer Tiere lässt sich nicht enteignen.

Quellen

Gesetz zum Erlass eines Tierarzneimittelgesetzes und zur Anpassung arzneimittelrechtlicher und anderer Vorschriften; Bundesgesetzblatt Jahrgang 2021 Teil I Nr. 70, ausgegeben zu Bonn am 4. Oktober 2021

https://www.bundesgesundheitsministerium.de/fileadmin/Dateien/3_Downloads/Gesetze_und_Verordnungen/GuV/T/TAMG_GE_Kabinettfassung.pdf

Verordnung (EU) 2019/6 des Europäischen Parlaments und des Rates vom 11. Dezember 2018 über Tierarzneimittel und zur Aufhebung der Richtlinie 2001/82/EG

Verordnung (EU) 2018/848 des Europäischen Parlaments und des Rates vom 30. Mai 2018 über die ökologische/biologische Produktion und die Kennzeichnung von ökologischen/biologischen Erzeugnissen sowie zur Aufhebung der Verordnung (EG) Nr. 834/2007 des Rates

Wissenschaftliche Dienste des Bundestags: Tierheilpraktiker und § 50 Gesetzentwurf BT-Drs. 19/28658

Homeopathy Research Institute: www.hri-research.org/de

Wissenschaftliche Gesellschaft für Homöopathie: www.wisshom.de

CHRISTIANE **ROSE ...**

... entdeckte ihr Interesse an der Homöopathie erst nach ihrem Sprachstudium. Seit mittlerweile mehr als 20 Jahren setzt sie sich mit der Lehre Samuel Hahnemanns auseinander – zunächst als Heilpraktikerin, dann ausschließlich als Tierheilpraktikerin. Sie lebt mit ihrem Mann und zwei erwachsenen Hunden im oberbergischen Wiehl (40 km östlich von Köln), wo sie seit 2017 eine mobile Tierheilpraxis für Hunde, Katzen und Kleintiere betreibt.

www.christiane-rose.de

(Foto: Archiv Rose)

BUCHTIPPS

von Nicole Röder

(Foto: shutterstock.com/ Medenka Nera)

Die Biologie der Hunde. Eine geführte Tour

Tim Lewis, Kynos 2021, ISBN 978-3-95464-258-8, 320 Seiten, Hardcover, 24,95 €

„Die Biologie der Hunde" scheint auf den ersten Blick nur für ernsthaft an Biologie interessierte Leser zu sein oder für solche, die gerade an einem Artikel oder Vortrag zum Thema basteln. Über 300 klein bedruckte Seiten zum Vergnügen lesen? Wohl kaum! An dieser Stelle kann ich nun sofort und aus vollem Herzen sagen: Stopp! Dieses Buch ist genau dafür da – zum vergnüglichen Stillen des Wissensdurstes, den man hat, wenn man sich grundsätzlich für Hundewissen interessiert. Ich bin kein naturwissenschaftliches Genie und lese mir solche Fachbücher nur durch, wenn ich ganz gezielt auf der Suche nach speziellen Informationen bin – und selbst dann sehe ich es eher als notwendiges Übel denn als Vergnügen an. Aber hier bekommt man wirklich alles geboten: sehr viel Information, und diese so aufbereitet, dass sie auch noch Spaß beim Lesen macht.

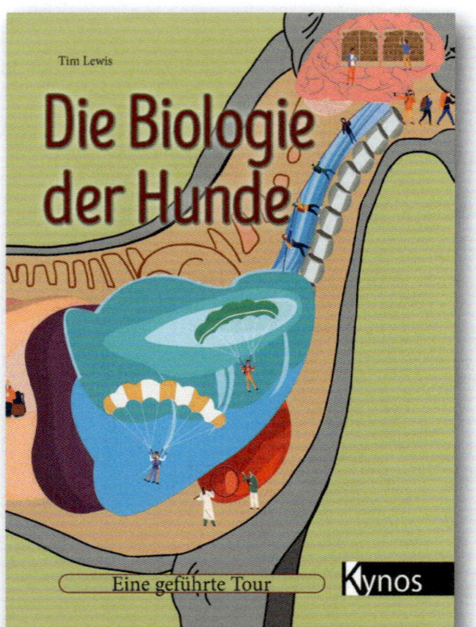

Tim Lewis ist mit Leib, Seele und vor allem Verstand Biologe. Umso schöner ist es, dass jemand mit diesem Knowhow auch fähig ist, so einfach und dennoch nicht trivial über die Biologie des Hundes zu schreiben. Lesley Sciobara hat es sehr treffend beschrieben, wenn sie sagt: „Tim übersetzt Wissenschaft mit verständlichen Vergleichen auf unterhaltsame Weise" (S. 4).

Dass hier jemand mit einem außergewöhnlichen Sinn für Humor ein Werk zu einem Thema verfasst hat, das ihm sehr am Herzen liegt, ist schon auf den ersten Seiten erkennbar, wo es unter anderem heißt: „Auf alle Fälle macht sich das Buch gut als Türstopper, und wegen seines bunten Covers stolpert man auch nicht so leicht drüber" (S. 5).

Dass es Tim Lewis um mehr geht als um trockene Wissensvermittlung, wird auch klar, wenn er schreibt, dass die Grundlage für dieses Buch der Gedanke ist, „dass Wissen die Bindung zwischen Mensch und Hund verbessern würde" (S. 17), und auf diesen Gedanken geht er immer wieder ein. Wir lernen hier nicht nur etwas über Hunde und Menschen, sondern erhalten einen versierten, gut verständlichen Einblick in die Reproduktionssysteme („Von DNA über Taxonomie zum Geschlechtsverkehr", Tour 2); gehen den Weg übers Verdauungssystem und Ernährung, weiter zum Bewegungsapparat, zum Kreislauf- und Immunsystem bis hin zum Gehirn und zu dem wichtigen Kapitel „Biologie und Verhalten: Unsere chaotischste Tour". Zuletzt gibt es noch Informationen dazu, wie der Hund gesund bleibt. Wie man sieht – ein allumfassender Ratgeber, der den Hund und seine Funktionsweisen gründlich durchleuchtet.

Mein Eindruck: Das Buch ist übersichtlich strukturiert und eignet sich aufgrund des exzellenten Aufbaus und Index hervorragend als Nachschlagewerk. Denn man kann sich auf gar keinen Fall alles merken, was man hier lesen und lernen wird. Die humorvollen Darstellungen und Vergleiche, die lockere Schreibe und gekonnte Strukturierung erlauben es, die einzelnen Kapitel sehr interessiert und schnell durchzuarbeiten. Wäre alle Fachliteratur so gut aufbereitet, würden sich bestimmt sehr viel mehr Menschen für Forschung und deren Ergebnisse interessieren und sich noch mehr Wissen in den verschiedensten Bereichen erarbeiten. Ich habe selten so viel Spaß an Biologie gehabt wie mit diesem Buch, und auch wenn mir wissenschaftliche Literatur in Richtung Psychologie und Lernverhalten eher liegt, so habe ich dank Tim Lewis doch einiges gelernt, was mir die „Funktionsweise" meiner Hunde noch einmal näherbringt. Und ich habe schon nachgeschaut, welche Bücher der Autor noch geschrieben hat, denn man lernt schließlich nie aus.

Fazit: Die Biologie der Hunde ist untrennbar mit ihrem Verhalten verbunden – dieses Buch sollte zum Standard für interessierte Hundemenschen und generell für alle Hundetrainer*innen werden!

Begegnungen an der Leine
Entspannter Spaziergang statt Stress

Monika Schaal, Müller Rüschlikon 2021, ISBN 978-3-275-02228-1, 96 Seiten, Taschenbuch, 11,95 €

Auf knapp 90 Seiten erklärt Monika Schaal, welche Ursachen hinter der sogenannten Leinenaggression stecken, und gibt Werkzeuge an die Hand, mit denen man an diesem Verhalten arbeiten kann. Die Aussagen und Tipps sind dabei so treffend zusammengefasst, dass es an nichts fehlt und genug Platz für schöne begleitende Fotos ist.

Gut gefällt mir schon der Einstieg, in dem sehr deutlich darauf hingewiesen wird, dass jedes Hund-Mensch-Team einzigartig ist, und „entsprechend individuell muss auch die Herangehensweise sein" (S. 9). Wichtig auch mein Lieblingssatz im Vorwort über das Zusammenleben mit einem bei Spaziergängen verhaltensoriginellen Hund: „Dennoch haben Sie einen Hund mit vielen guten Eigenschaften an Ihrer Seite, reduzieren Sie ihn nicht auf das Begegnungsproblem" (S. 9).

So positiv eingestimmt, geht es dann los mit den einzelnen Kapiteln. Vom kurzen Einblick darüber, woher problematisches Verhalten an der Leine kommen kann und in welchen Schritten es abläuft, über eine „Werkzeugkiste", die dabei helfen kann, das Verhalten umzulenken bzw. gegenzusteuern, bis hin zum gelungenen Spaziergang. Es ist alles dabei, was hilft, eine erfolgreiche Strategie zu entwickeln, um den eigenen „Leinenrambo" zufriedener zu machen und gemeinsame Ausflüge entspannter zu gestalten.

Mein Eindruck: Hunde, die wegen Menschen- oder/und Hundebegegnungen ihre Contenance verlieren, sind keine Seltenheit. Wenn der Spaziergang statt Erholung in vielerlei Hinsicht nur Stress bedeutet, dann kann das den Menschen am anderen Ende der Leine in ein tiefes Loch stürzen. Denn letztlich ist das entspannte Umherstreifen in der Natur genau das, was viele sich vom Zusammenleben mit Hund erwarten.

Wer in dieser Hinsicht Probleme hat, der sollte sich umgehend mit dem richtigen Training auseinandersetzen. Und zwar mit einem, das nicht empfiehlt, den Hund mal richtig in seine Schranken zu weisen, sondern mit einem, das auch vermittelt, warum der Hund tut, was er tut, und wie man sein Verhalten positiv in neue Bahnen lenken kann.
Dazu bringt der vorliegende Ratgeber alle Voraussetzungen mit, und wer an eher kleineren oder erst beginnenden Leinenpöbeleien zu arbeiten hat, der wird mit diesem Buch sicher eine gute Strategie entwickeln können.

Fazit: Ein sehr gelungenes Buch für alle, die einen eher harmlosen Leinenrambo in entspannte Bahnen lenken wollen.

Andere Spezies, gleiches Prinzip
Wie wir vom Hundetraining fürs Leben lernen

Karen B. London, Kynos 2021, ISBN 978-3-95464-256-4, 368 Seiten, Taschenbuch, 19,95 €

Der Originaltitel dieses Buches lautet: „Treat everyone like a dog". Aus Sicht vieler Menschen sicherlich ein kontroverser Ansatz. Für positiv und bedürfnisorientiert arbeitende Hundemenschen ist es dagegen keiner, über den man lange diskutieren muss. Denn obwohl ein solcher Titel sich im ersten Moment gewagt anhört, so wird spätestens bei genauerer Betrachtung dieser Aufforderung klar, dass es hier nicht darum geht, die Kinder oder den Partner mit Clicker und Keksen zum gewünschten Verhalten hinzukonditionieren. Es geht darum, sowohl beim Hund als auch beim Menschen weniger auf Strafe als vielmehr auf Bestätigung zu setzen. Kleinschrittig zu lehren und zu loben, anstatt sofort hohe Maßstäbe zu setzen und auf diese „hinzuprügeln". Ein Ansatz, der wahrlich nicht kontrovers ist, sondern schlichtweg vernünftig.
Entsprechend erklärt Karen B. London vorrangig, warum und wie man ein positives Bild generieren kann, von dem nicht nur der Hund profitiert, sondern das gesamte Lebensumfeld. Wenn ich das kurze Lächeln einer Verkäuferin mit Freundlichkeit beantworte, wird sie in Zukunft freundlicher zu mir sein. Genauso wie ich meinen Hund dafür bestätige, sitzen geblieben statt hochgesprungen zu sein. „Wenn Tiere und Menschen Lernerfahrungen machen können, ohne dabei strenge Maßregelungen – verbal, sozial oder körperlich – fürchten zu müssen, dann lernen sie besser und sind tendenziell glücklicher" (S. 21). Und genau darum geht es in diesem Buch: zu erklären, wie Lernen und Lehren funktioniert – bei Mensch und bei Tier –, und aufzuzeigen, wie jeder dieses Wissen umsetzen kann.

Mein Eindruck: In neun Kapiteln wird anhand vieler Alltagsgeschichten, gespickt mit der gut aufgearbeiteten, verständlichen Theorie, alles zum Thema Positivität, Trainingsstrategien und Konditionierung erläutert. Auch konkrete Anleitungen dazu, wie man (sowohl beim Zwei- als auch beim Vierbeiner) nützliche Fähigkeiten beibringt, kommen nicht zu kurz. Insgesamt lässt sich dieses Buch schön und flüssig lesen, und das, obwohl es durch und durch ein Lehrbuch ist.
Ständig begegnen einem wunderbare Sätze, die von einer positiven Lebenseinstellung geprägt sind, die man einfach nur unterstreichen kann und die man vor allem verinnerlichen sollte. „Um starke Beziehungen aufzubauen, ist es ganz wichtig, Spaß miteinander zu haben, einander zu verstehen sowie auf die Vorlieben und Abneigungen der anderen zu achten" (S. 26). Ich liebe solche Aussagen, weil sie trotz ihrer Selbstverständlichkeit doch irgendwie immer noch zu selten formuliert werden.

Fazit: Ein großartiges Buch, das wirklich jeder lesen sollte!

Agility
Der fundierte Aufbau für Freizeit und Turnier

Alexandra Roth, Müller Rüschlikon 2021,
ISBN 978-3-275-02187-1, 208 Seiten, Hardcover, 24,90 €

Wie ich gerade am eigenen Leib erlebe, hat sich der Agility-Sport in den letzten Jahren extrem verändert. Die Parcours sind länger geworden, die Hunde und ihre Menschen sind besser trainiert, schneller und ehrgeiziger geworden. Was alles dazu gehört (oder gehören kann), um den eigenen Hund gut und sicher auszubilden, das hat Alexandra Roth in einem sehr gut strukturierten und übersichtlichen Ratgeber zusammengefasst. Aber kann man Agility allein aus einem Buch lernen? Die Antwort auf diese Frage ist ein eindeutiges: Nein! Wer den Platz und das Geld hat, um sich einen kompletten Parcours in den Garten zu stellen, der kann sich mithilfe des vorliegenden Buches sicherlich Anregungen holen. Wer bereits über gute Grundlagen im Bereich der Agility-Ausbildung verfügt, der dürfte mit dem Ratgeber von Alexandra Roth bestens bedient sein und so manchen Aha-Moment erleben. Für einen Anfänger ist jedoch das Zutun eines guten Trainers unerlässlich.

Mein Eindruck: Von einfachen Übungen, die man bereits mit dem Junghund zu Hause als Vorbereitung machen kann, hin zu Sprungtechnik und Geschicklichkeitsübungen mithilfe von drei Hürden, an denen man Voranspringen, Von-hinten-Springen, die einzelnen Richtungsanweisungen oder die verschiedenen Wechsel trainiert – in diesem Buch ist alles vertreten, was aktuell zur soliden Ausbildung des Agility-Hundes gehört. Dazu gibt es zahlreiche verständliche Übungsanleitungen, die mithilfe gut gemachter Skizzen (auf denen die einzelnen Schrittfolgen leicht verständlich aufgemalt sind) eine Superanleitung bieten. Auch gibt es einzelne Trainingssequenzen zum Download und eine sehr gute Hilfestellung für typische Probleme, die im Agility auftreten können. Auch wenn ich in der Ausbildung meines eigenen Hundes noch nicht so weit bin, dass ich alles aus dem Buch nachvollziehen kann, so haben mir einige Passagen bereits beim theoretischen Verständnis weitergeholfen. So manchen Vorschlag für einzelne Trainingseinheiten werden wir bestimmt noch nacharbeiten. Ein umfangreiches Buch, das auf sehr breiter Basis abdeckt, was Hund und Mensch im Agility unbedingt können sollten, mit sehr guten Erläuterungen dazu, wie sie dorthin kommen.

Fazit: Ein sehr gutes Buch für Agility-Sportler und -Trainer!

HUNDE sind vielfältig, faszinierend und inviduell, genau wie die Themen in **SitzPlatzFuss.** Autor*innen mit aktuellem Fachwissen und großer Praxiserfahrung schreiben darüber für Menschen, die sich einen positiven Umgang mit ihrem Hund wünschen.

www.sitzplatzfuss.com

Abo-Preis:
€ 45,00 für Jahresabo (4 Hefte) / € 50,00 für Jahresabo + Sonderausgabe (5 Hefte) in Deutschland & Österreich
CHF 60,00 für Jahresabo Schweiz / CHF 65,00 für Jahresabo + Sonderheft Schweiz

Einzelpreis:
€ 14,40 in Deutschland und Österreich und CHF 18,90 (Schweiz)

Abo-Bestellungen:
Cover Service GmbH & Co. KG
SitzPlatzFuss-Aboservice, Herr Adriano Boi
Bajuwarenring 14, 82041 Oberhaching
Tel.: +49(0)89/85853-554
abo-service@sitzplatzfuss.com
oder online auf der SitzPlatzFuss-Seite
unter **www.sitzplatzfuss.com**

Einzelheft-Bestellungen:
im Cadmos-Verlag-Online-Shop auf **https://bit.ly/2zvgQ2m** bzw. via E-Mail unter vertrieb@cadmos.de oder telefonisch unter +49(0)89/45108510-11 (Martina Selinger)

CADMOS Verlag www.cadmos.de

IMPRESSUM

sitz platz fuss

Cadmos Verlag GmbH
Englmannstraße 2
D-81673 München
Tel. +49 (0)89 451 085 10 - 0
info@cadmos.de | www.cadmos.de

Herausgeber
Brigitte Millan-Ruiz & Dr. Rainer Eder

Chefredakteurin
Madeleine Franck | m.franck@cadmos-verlag.de

Autoren und Interviewpartner der aktuellen Ausgabe
Daniela Fiedler, Pia Gröning, Wibke Hagemann, Sonja Meiburg, Kerstin Piribauer, Anke Rochelt, Nicole Röder, Christiane Rose, Steffi Rumpf, Dr. Lara Steinhoff, Diana Strätling, Marleen Utech, Manuela Zaitz

Grafik
Markus Bürger

Titelfoto
shutterstock.com / Avishag Shuva

Pressevertrieb
UMS, D-51545 Waldbröl

Abo Kundenservice
Cover Service GmbH & Co. KG | Adriano Boi
Bajuwarenring 14 · 82041 Oberhaching
Tel. +49 (0)89/85 853 - 554
abo-service@sitzplatzfuss.com

Einzelhefte
Cadmos Verlag GmbH
Englmannstraße 2 | D-81673 München
vertrieb@cadmos.de

Anzeigen
Kerstin Schröter | anzeigen@sitzplatzfuss.com
Tel. +49 (0)511 / 270 47 02

Druck
Grafisches Centrum Cuno GmbH & Co. KG
Printed in Germany

Gender-Erklärung:
Aus Gründen der besseren Lesbarkeit verzichten wir im Cadmos-Verlag auf die gleichzeitige Verwendung der Sprachformen männlich, weiblich und divers (m/w/d) und wählen jeweils die männliche oder weibliche Form von personenbezogenen Hauptwörtern. Dies soll jedoch keinesfalls eine Geschlechterdiskriminierung oder eine Verletzung des Gleichheitsgrundsatzes zum Ausdruck bringen. Frauen, Männer und Diverse mögen sich von den Inhalten unserer Publikationen gleichermaßen angesprochen fühlen.